普通高等教育“十五”国家级规划教材

水利工程经济

主　编　胡志范
副主编　李春波

中国水利水电出版社
www.waterpub.com.cn

内容提要

本书是根据普通高等教育“十五”国家级规划教材的编写要求，并结合高职高专教育人才培养模式及课程体系的改革与建设，以富有时代特点，以使用为目的进行编写的。全书共十一章，包括：绪论、工程投资及费用、动态经济计算的理论基础、水利工程建设和运行方案、敏感性分析、灌溉工程评价、排水工程评价、防洪工程评价、供水工程评价、水力发电工程评价、水土保持工程评价，最后附有复利因子表供查用。

本书可作为水利经济、水利水电工程、农田水利、水土保持、供排水工程、水资源等专业《水利工程经济》课程的教学用书，也可供相关专业技术人员参考。

出　版　说　明

为加强高职高专教育的教材建设工作，2000年教育部高等教育司颁发了《关于加强高职高专教育教材建设的若干意见》（教高司［2000］19号），提出了“力争经过5年的努力，编写、出版500本左右高职高专教育规划教材”的目标，并将高职高专教育规划教材的建设工作分为两步实施：先用2至3年时间，在继承原有教材建设成果的基础上，充分汲取近年来高职高专院校在探索培养高等技术应用性专门人才和教材建设方面取得的成功经验，解决好高职高专教育教材的有无问题；然后，再用2至3年的时间，在实施《新世纪高职高专教育人才培养模式和教学内容体系改革与建设项目计划》立项研究的基础上，推出一批特色鲜明的高质量的高职高专教育教材。根据这一精神，有关院校和出版社从2000年秋季开始，积极组织编写和出版了一批“教育部高职高专规划教材”。这些高职高专规划教材是依据1999年教育部组织制定的《高职高专教育基础课程教学基本要求》（草案）和《高职高专教育专业人才培养目标及规格》（草案）编写的，随着这些教材的陆续出版，基本上解决了高职高专教材的有无问题，完成了教育部高职高专规划教材建设工作的第一步。

2002年教育部确定了普通高等教育“十五”国家级教材规划选题，将高职高专教育规划教材纳入其中。“十五”国家级规划教材的建设将以“实施精品战略，抓好重点规划”为指导方针，重点抓好公共基础课、专业基础课和专业主干课教材的建设，特别要注意选择一部分原来基础较好的优秀教材进行修订使其逐步形成精品教材；同时还要扩大教材品种，实现教材系列配套，并处理好教材的统一性与多样化、基本教材与辅助教材、文字教材与软件教材的关系，在此基础上形成特色鲜明、一纲多本、优化配套的高职高专教育教材体系。

普通高等教育“十五”国家级规划教材（高职高专教育）适用于高等职业学校、高等专科学校、成人高校及本科院校举办的二级职业技术学院、继续教育学院和民办高校使用。

教育部高等教育司

2002年11月

前　言

本书是根据《教育部关于加强高职高专人才培养工作的意见》、《高职高专教育水利经济培养方案》编写的，是教育部高职高专规划教材。

本书在编写过程中从培养高职高专人才的角度出发，以理论“必须”、“够用”为原则，注意吸收专业领域的新理论、新方法，注重学生能力的培养和综合素质的提高，力求做到理论精、内容新，富有高职高专教材的特色。教材内容以应用为主线，内容的选择充分考虑了课程的教学特点与实际应用相结合，重点突出了水利工程经济评价。本教材主要介绍了水利工程经济评价的基本原理和评价方法，同时对不同功能水利工程的经济评价进行了详细的分析，提出适应该类工程经济评价的科学方法。为了提高实用性和应用性，本教材在经济评价的讲述中，以工程的类型为出发点，每一类水利工程确定为一章，每一章均有典型的案例分析，突出理论的应用性和针对性，实现理论与实际的有机结合，增强学生学习兴趣，培养学生实践能力及严谨和求实的科学态度。全书以水利部颁发的现行有关法规性文件以及水利经济评价规范和标准为主要依据，注重理论的系统性、基础性，同时紧密与水利行业相联系，突出应用性和实践性。本书可作为高职高专学校、成人高等学校及本科院校举办的二级职业技术学院的水利类专业的通用教材，也可供经济管理专业人员自学和培训使用。

本书由黑龙江大学胡志范教授担任主编（编写第一、二、四章，并负责统稿），黑龙江大学李春波副教授担任副主编（编写第三、五、六、十一章）。参编的有：安徽水利水电职业技术学院刘承训（编写第七章），南昌水利水电高等专科学校桂发亮（编写第八章），杨凌职业技术学院刘愿英（编写第九章），广东水利电力职业技术学院李扬红（编写第十章），黑龙江大学郭新利（协助统稿及文字工作）。浙江水利水电专科学校闫彦教授主审。闫彦教授对教材编写提纲的制订和对教材初稿的审阅，都提出了许多宝贵意见，在此我们谨向他表示衷心的感谢。

限于作者的水平，书中难免存在疏漏和不足之处，敬请专家和读者批评指正。

作　者

2005 年 7 月

目 录

第一章　绪　论

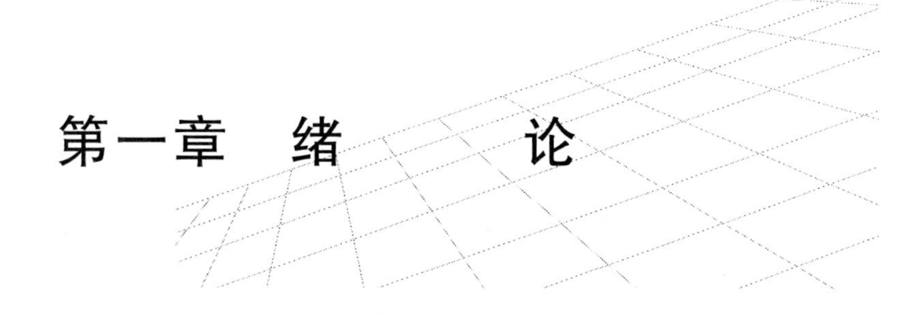

第一节　我国水利建设的成就

水利在中华民族的发展中，具有特殊重要地位。兴修水利、防治水害是历代治国安邦的一件大事。几千年来我国劳动人民写下了一部兴修水利与水旱灾害作斗争的历史，在祖国的大地上，我们历代祖先修了不少著名的伟大的水利工程，到处屹立着劳动人民艰苦创业的水利丰碑，在历史上水利建设有过辉煌的成就。

步入近代，西方国家经济发展很快，我国却沦为半殖民地半封建社会，外受帝国主义侵略与掠夺，内有反动腐朽的封建统治和军阀割据，水利事业长期停滞不前。到1949年，旧中国遗留下来的水利工程寥寥无几，残缺不全。据统计，当时全国江河堤防和沿海海塘总长只有4.2万km，堤身单薄而且残破不堪；全国容积超过1亿m^3的大型水库只有6座（包括中朝界河上的小丰满水电站）；容积1000万～1亿m^3的中型水库也只有17座（其中有2座是20世纪50年代续建完成的）。用于防洪的水闸也很少，水电设施更少，水土流失严重，不少土地盐碱化、沙化。

1949年新中国成立后，党和政府非常重视水利建设。早在建设初期，就把水利建设列在恢复和发展国民经济的重要地位，开展了以治淮为先导的大规模水利建设，开始对黄河、海河、长江等大江、大河和大湖的治理；农田水利建设也进入了一个蓬勃发展时期，首先恢复、改造和扩建原有灌区，建设大量的新灌区；结合水资源的综合开发利用，大批水电站一座座落成；一处处供水工程为大中城市用水提供了必需的水源。

全国整修、新修各类江河堤防达22万余km，现有水库8.5万多座，总库容达5594亿m^3。由堤防、圩垸、海塘、水库、闸坝、分滞洪区和疏浚开挖的排水河道工程以及洪水测报系统等非工程措施，形成了一个初具规模的防洪体系。灌溉事业也得到蓬勃发展，建成万亩以上灌区5691余处，机电排灌动力由7.2万kW发展到6800万kW，建成配套机电井273万眼，农田的有效灌溉面积发展到8.4亿亩。节水灌溉面积2.8亿亩。改造低洼易涝耕地2.8亿亩，南方近一半的冷浸低产田和北方60%盐碱地得到改造。治理水土流失面积达7.9亿亩。解决了饮水困难地区1.3亿人口的吃水问题。到2002年底，水利系统累计建成水电装机容量3856万kW，占全国水电总装机容量的42.4%，年发电量达1134亿kW·h。

50多年来的水利建设，初步控制了普通水旱灾害，为国民经济各部门提供了安全保障，为工业、城乡提供了水源，使国民经济得以正常发展，大大增强了农业基础设施，提高了农田抗灾能力。由于改善了水利条件，加上农业技术等各种措施，我国以全世界7%

的耕地，养活着22%的人口，解决了百余年来历届政府所未能解决的中国人民的吃饭问题。这是在中国共产党领导下取得的世界性成就，是社会主义事业的伟大胜利。水利工程的效益主要表现在以下几个方面。

一、整治江河，提高了江河的防洪能力，取得显著效益

我国洪水灾害主要集中在黄河、淮河、海河、长江、辽河、松花江和珠江等七大江河的中下游东部平原地区。这些地区的堤防长度、保护人口和耕地约占全国堤防的86%，多年平均水灾面积约占全国的90%。因此，新中国成立后对七大江河进行了重点整治。

二、加强农田水利基本建设，为农业稳定增产创造重要条件，在减灾增产中发挥显著作用

我国自有农耕就有灌溉事业。新中国成立后，兴建了大量的灌溉、除涝、治碱工程，促进了农、林、牧、副、渔业的全面发展，为我国农业持续稳定的增产创造了重要的条件。新中国成立初期，首先恢复、改造和扩建了原有灌区，如四川的都江堰灌区、陕西关中八百里秦川的老灌区、黄河河套灌区、山西潇河灌区、河北石津灌区等，均经过大规模的改造或扩建水源工程，增建现代化的饮水枢纽，提高了灌溉保证率，扩大了灌溉面积。

从20世纪50年代末和60年代初开始，大量兴建大、中型水库工程，建设新的大、中型灌区，其中灌溉面积在30万亩以上的大型灌区148处，同时兴建了一大批塘坝、小型蓄引工程及提水灌溉工程。全国有效灌溉面积从2.4亿亩增加到8.4亿亩，建成万亩以上灌区5691处。

三、开展水土保持，取得明显效益

水土流失给人类生产生活带来极大危害。中国水土流失面积占全国国土总面积的1/6左右，主要分布在西北黄土高原、西南云贵高原、江南丘陵山区、北方土石山区和东北黑土地带，影响着1/4的可利用国土和全国1/3的耕地，对国民经济发展影响极大。新中国成立以来，初步治理水土流失面积85.4万km^2，其中水流域治理面积累计达34.2万km^2。对于改善生态环境和生产条件，开发山区，为山区人民脱贫致富、整治江河、防治灾害都发挥了明显作用。

四、结合江河治理开发利用水资源，积极发展农村水电，促进了地方经济的发展

到2002年，全国水电装机8457万kW，年发电量2712.19亿kW·h。其中水利部门管理的水电站装机达3586万kW，年发电量1134亿kW·h，分别占全国水电装机容量的42.4%和41.8%。农村中小水电的发展，有力地推动了地方工业和乡镇企业的发展，为农田排灌、农副产品加工和缓解地方紧张局面作出了贡献。

五、兴建城镇供水工程，为工矿、企业和城市人民生活提供了重要的水源

为保证工业生产、城市生活和公共事业的用水，每年向北京、天津、太原、青岛、大连等许多缺水城市提供数百亿m^3的水量。20世纪80年代修建的引滦济津、引黄济青、引碧入连等大型引水工程，基本缓解了天津、青岛、大连等城市的用水紧张程度。此外，农村供水工程解决了水源困难地区1.32亿人口和0.79亿牲畜的饮水问题，分别占需要解决数目的82.7%和86.2%。

六、利用水利资源，开展多种经营

到2002年，基层水管单位体制改革成效显著，国务院办公厅转发了国务院体改办关于《水利工程管理体制改革实施意见》，为水利工程管理单位深化改革，建立良性运行管理机制奠定了基础。

2002年全国水利经营总收入1074.65亿元，比上一年增长了2.8%，水利资源总额3869.65亿元，资产负债率32.72%。

第二节 水利工程经济学的研究任务

如上所述，水利工程经济学是随着我国水利建设事业的发展而建立起来的一门新兴学科。为了提高水利工程的经济效益，还有许多理论和实际问题等待我们去研究，我们一方面要学习和引进国外工程经济方面的有用理论和方法，同时，必须紧密结合我国的国情，研究发展具有我国特色的水利工程经济学。学习和研究水利工程经济学的总任务，就是为了掌握客观经济规律，以求从各方面尽可能地提高已建的和新建各项水利设施的经济效益。具体地说，学习和研究水利工程经济学的任务可以概括为以下六个方面。

一、对已建水利工程进行经济评价，研究进一步发挥工程经济效益的途径

我国过去修建的许多水利工程，在规划设计时大多没有进行经济分析和论证，实际的投资资料大都残缺不全。在长期的管理运用中，对工程效益也缺乏分析研究。当前，对已建工程应收集和整理各种有关的经济资料和数据，如对工程的实际投资，应该进行全面核实计算；对短缺的资料应设法调查补齐；对工程运用期间的实际年费用应进行统计整理；对工程历年提供的经济效益，要作出客观分析计算等。在对已建工程进行全面的经济评价时，一般应完成的具体任务有以下三个方面。

(1) 针对各种不同的工程设施，研究和分析其调度和运行方案，以提高经营管理水平；在保证工程安全、充分发挥工程效益的前提下，尽最大可能增加企业和管理单位的财务收入。

(2) 研究并找出各类工程经济效益不高的原因（包括规划、设计、施工和管理运用上的原因），为今后水利工程的建设提供可借鉴的经验和教训，促进和提高今后水利建设的效益。

(3) 为了满足我国经济建设的需要，为水利工程今后采用先进技术或扩建、改建方案提供决策依据。

二、对新建水利工程的投资与效益的分析

新建工程，特别是对大中型水利工程要加强投资前的研究工作，即进行可行性研究。也就是说对工程的规划、设计、施工的各个阶段都要加以研究，并提出不同规模、不同标准和不同设计的各种可行方案，应用工程经济学的原理和方法，作出费用效益分析，并从中选择最佳方案，从而避免或减少浪费和损失。

三、对水利经济分析论证方法的研究

我国过去由于对经济效益，尤其是水利工程的经济效益重视不够，因此对经济分析和论证的方法研究甚少。各省、区市和各流域机构采用的计算方法也很不统一，并且多直接采用俄罗斯的或欧美的公式计算。1985年1月水利电力部颁发并试行SD139—85《水利经济计算规范》后，虽然有了一个比较统一的论证和评价标准，但是其中有些条文还不够完善和具体，还需要在试行中不断研究并充实提高。因此，如何根据我国水利建设的特点，研究出一套较为实用的分析、计算方法和评价标准，并使之逐步发展形成一套具有我

国特色的水利工程经济学，仍然是当前摆在我们面前的重要任务之一。

四、对技术经济指标体系的研究

技术经济指标是表明国民经济各部门、各企业对设备、原材料和资源的利用状况及其效果的指标。完整的技术经济指标体系可以反映出某一部门或企业生产的技术水平、管理水平和经济效益。我国在水利工程建设和管理中也经常采用技术指标体系来衡量、评价水利工程的技术经济效益，概念清晰，计算方法简便。

由于水利工程的类型很多，各种类型都有自己的特点，且管理体制也各有差别，因此，按照各类工程的特点，研究具有我国特色的技术经济指标体系，作为衡量、评估该类工程规划、设计和管理运行的标准，仍有十分重要的意义。

五、对水利工程经济效益的分析

水利工程建设与国民经济其他部门不同，其经济效益受水文现象的影响较大。如何确切地评价水利设施的效益问题，还需要做大量的研究和试验工作。例如灌溉效益，由于各年降雨量不同、作物类型和品种不同、肥料及土壤耕作条件不同，灌溉效益也是不同的。这种效益如何定量、它与灌溉水量的关系怎样、与灌溉水量投放时间的关系又如何、农业技术措施在作物增产中该占多少比重，等等。上述这些数据在国外已有较多的理论或统计分析成果，而我国在这方面的实验研究才刚刚开始，还有待进一步研究，应从中找出规律性的东西。又如在供水工程效益方面，水在各类工业生产中的地位究竟应如何确定？在什么条件下，供水投资费用和工业投资费用才可按相同的投资收益率计算。这些都应进行更加深入的研究，以使水利工程经济效益这一定量指标具有较高的可信度。此外，其他有关水利设施的经济效益分析和计算，如防洪、除涝、水力发电、水土保持等也有类似的问题需要研究，这里就不一一列举了。

对于水利工程的附属效益、副效益、无形效益等应在什么情况下考虑和应该如何计算或表达，都还尚无定论，尚需统一认识，有待进一步研究解决。

六、对水利经济直接有关的一些政策问题的研究

自国务院1985年发布《水利工程水费核定、计收和管理办法》及水利电力部发布SD139—85《水利经济计算规范》以来，对于水费计收标准、使用和管理等一般都有章可循，但是在具体的实施中，还有很多困难，如供水成本应如何核算才比较合理可行；各类水利工程的折旧年限、折旧计算方法以及大修理费、折旧费如何提取的问题；农田水利主体工程和配套工程的投资如何筹措和如何偿还的问题；在我国农业产品价格实行补贴政策的条件下，价格这个关键数据在经济分析中应如何制定，等等。这些涉及政策性方面的数据定量问题，都有待进一步的研究和探讨。

总之，水利建设不仅直接关系到工农业生产的发展，而且还影响到整个国民经济的发展。因此，大力加强水利工程经济学的研究、推广和应用，对加速水利工程的建设，提高水利工程的经济效益，促进工农业生产和国民经济的发展，都具有十分重要的意义。

第二章 工程投资及费用

第一节 投 资

一、投资概念及计算范围

工程投资是指工程项目全部完成，达到设计要求时所付出的全部资金，即花费在工程建设上的全部活劳动和物化劳动的总和。

水利工程的投资，一般情况下可以分为以下几项：

（1）永久性工程投资。包括主体工程建筑物、附属工程建筑物以及配套工程的投资，设备购置和安装费用。

（2）临时性工程的投资。

（3）其他投资。包括移民安置、淹没和浸没、挖压占地赔偿费用；处理工程的不利影响、保护或改善生态环境所需的投资；勘测、规划、设计和科学实验等前期费用；生产用具的购置费用；建设单位的管理费用；生产职工的培训费用；预备费和其他必需的投资等。

工程投资也可分为直接投资和辅助投资两部分：

（1）直接投资，这是指花费在主要工程上的投资，如大坝、取水建筑物、电站、各种水工建筑物及渠道等。

（2）辅助投资，这是指花费在为修建工程的辅助设施上的投资，如动力设施、道路和交通运输工具、施工机械、给排水工程、供电及通讯设备、仓库以及管理机构和其他生活福利等公用设施等方面的投资。

上述工程投资的分类，有利于计算总投资中生产与非生产性投资所占的相应比重，使投资的使用更为合理。

此外，在工程建设的总投资中，有时还包括一部分相关投资，即指花费在与新建工程项目有关的企业或部门的投资。例如，为兴建水利水电工程的需要，必须给有关部门提供部分投资以扩大动力、燃料的供应或改善交通运输条件等。

我国的水利工程，有的是由国家投资兴建，有的是由国家、集体、群众共同兴办。因此，应分别计算其相应的投资额。在计算集体和群众投入的工程投资时，除计算直接投入的资金外，还应计算其劳务投资和物料投资。

二、投资的计算方法

我国水利工程建设中的投资，是根据不同设计阶段、设计工作的深度分阶段来进行计算的。对一般工程，可按初步计算（或扩大初步计算）、施工图两个阶段进行设计与计算；

对大、中型工程且技术复杂的项目，可增加技术设计阶段，并相应地编制各阶段工程投资的预算文件，即初步设计阶段编制总概算；技术设计阶段编制修正总概算；施工图阶段编制施工图预算。此外，在工程竣工后还要编制决算。

在进行初步设计以前，对投资的计算一般多采用估算方法作为工程项目可行性研究的依据。

初步设计阶段，由设计部门根据工程的初步设计图纸、概算定额、概算指标和费用定额等资料，编制初步设计总概算，它比较粗略，作为国家批准设计的依据。概算批准后，就成为国家对该项目工程投资的控制数，一般情况下不能突破。如某水利枢纽初步设计总概算，经国家建委、水利部（95）年主审定为35.56亿元。其中，第一期工程为23亿元；第二期工程为12.56亿元。

技术设计阶段，是根据实际情况的变化和更加具体的资料，或是对初步设计方案进行了修改，可以编制修正总概算。例如上述水利枢纽第二期工程，原审批的总概算是12.56亿元。2000年根据实际情况进行了修正总概算为22.57亿元，增加了10.1亿元。主要原因是扩大了二期工程规模，水力发电机组涨价，以及近年来国家颁布了一些新规定的某些费用增加，等等。

施工图设计是根据批准的初步设计（或技术设计），进一步对各工程编制施工祥图及说明。在这个阶段，设计单位应按照施工图的工作量，施工组织设计和现行的制度、定额、费用和价格等资料，编制施工图预算，它比较精确，是作为向银行贷款的依据。

工程竣工后，则应编制工程决算，它反映工程建设项目的实际造价。内容包括竣工工程概算表、竣工项目财务决算表等。

一般要求是，决算不能超过预算，预算不能超过概算，概算不能突破投资控制数。但实际情况，往往会有变化，如上述水利枢纽第一期工程总概算23亿元，但实际投资24.71亿元，比原审数字多1.71亿元，增加了7.43%。影响增加投资的主要原因是：水力发电机组提价；材料涨价；新规章影响某些费用的增加以及施工、征地费用的增加，等等。

上面讲的概算、修正概算、预算、决算等都是根据总体工程所属各项单项工程，一项一项按工程单价（如土建工程单价表、砂石料单价表、三材及机械设备价格表等）进行核算后，才能最后确定总体工程的投资指标。

上面也已讲到，在初步设计以前，对投资估算可以相对粗略一些。国外常用生产规模指数法和比例法估算。

所谓生产规模指数法，主要是利用已知的同类型投资指标来概略的估算，并考虑不同规模的工程、工厂或设备对投资的影响。其计算公式如下：

$$k_2 = k_1 \left(\frac{x_2}{x_1}\right)^n \tag{2-1}$$

式中 k_1、k_2——已知工程、工厂或设备的投资额和拟建工程、工厂或设备的投资额；

x_1、x_2——已知工程、工厂或设备的规模和拟建工程、工厂或设备的规模；

n——指数，可按照工程类型、规模，用已建工程的投资资料统计求得。对于扩建工程，指数 n 的数值可以分为两种类型：若扩大规模主要是由加大工程、设备装置的尺寸（规格）而达到的，则 $n=0.6\sim0.7$；若扩大规模主要是靠增加相同尺寸（规格）的设备装置的数量而达到的，则 $n=0.8\sim1.0$。

【例 2-1】 已知某水力发电厂，共有4台机组，投资 25 万元，现要新建一座水力发电厂，采用同样规格的水力发电机组，共 8 台，估算其投资为多少？

解 由

$$k_2=k_1\left(\frac{x_2}{x_1}\right)^n$$

已知 $k_1=25$ 万元；$x_1=4$ 台；$x_2=8$ 台

取 $n=0.8$

则

$$k_2=25\times\left(\frac{8}{4}\right)^{0.8}=25\times2^{0.8}=43.5(\text{万元})$$

所谓生产规模比例法，主要是假定工程的投资和工程规模的大小成正比例变化的原则，即通常采用的以扩大指标来估算新建工程投资的方法，可用公式表示为

$$k_2=\left(\frac{k_1}{x_1}\right)x_2 \tag{2-2}$$

式中，符号意义同前。

【例 2-2】 某灌溉面积为 10 万亩的灌区，全部竣工后，其总投资为 1150 万元，现拟在相似地区新建灌溉面积为 13 万亩的灌区一处，请用生产规模比例法估算其投资。

解 由

$$k_2=\left(\frac{k_1}{x_1}\right)x_2$$

已知 $k_1=1150$ 万元；$x_1=10$ 万亩；$x_2=13$ 万亩

则

$$k_2=\left(\frac{1150}{10}\right)\times13=1495(\text{万元})$$

所以新建灌区投资约需 1495 万元。

三、水利建设资金的筹集

我国水利工程建设的资金筹集主要有以下几种来源。

（一）国家预算拨款

我国过去水利工程投资主要是由国家财政拨款。使用这种资金，无需归还，不付利息。基本建设投资拨款由中国人民建设银行负责办理。银行主要根据以下几条原则拨款：

(1) 按基本建设计划拨款。

(2) 按基本建设程序拨款。

(3) 按基本建设预算拨款。

(4) 按基本建设施工进度拨款。

工程建设单位为了取得拨款，必须向中国人民建设银行提交拨款依据，如计划任务书、初步设计的批准文件和批准的设计概算，年度基本建设工程表，施工图预算，年度基

本建设财务计划等。

（二）银行贷款

为了适应经济改革的需要，提高基本建设投资的经济效益，国家计委、财政部、中国人民建设银行1985年颁发了《关于国家预算内基本建设投资全部由拨款改为贷款的暂行规定》（简称《规定》），并决定从1986年起，进行部分调整，将国家预算直接安排的基建投资，分别列为国家预算内拨款投资和国家预算内“拨改贷”投资两部分。对行政事业性质、无偿还能力的十类基建项目（其中包括防洪、排涝工程）仍然实行拨款；其余项目则实行“拨改贷”。这是我国基建资金管理体制的重大改革。

（三）自筹资金

主要是地方和企业自筹资金。由于财政和企业财务体制的改革，扩大了地方和企业的财权，地方可以利用自己的财力，企业可以利用自己支配的发展基金和折旧基金，作为基本建设的投资。这种投资，实际上属于国家预算外的投资。由于其中有相当大的一部分没有经过综合平衡，因此有较大的盲目性。为此，利用自筹资金进行基本建设，应强调“全国一盘棋”的原则，不能冲击国家的计划建设。从水利建设来说，必须服从于全国、全省或全地区的水利发展规划。此外，企业主管部门和财政、银行部门要加强对自筹资金的监督和管理。按现行规定，自筹资金用于固定资产投资必须提前存到建设银行，“先存后批，先批后用”。

（四）利用外资

为了加快社会主义现代化建设，利用外资进行基本建设也是一种重要资金来源。

当前国际上利用外资形式很多，概括起来可分为两大类：使用贷款和吸收投资。

1. 使用贷款

从资金来源上看，有官方信贷、半官方信贷和私营商业信贷。具体有以下四种形式：

（1）政府信贷。政府信贷属于政府间的对外援助性质，大都是工业发达国家对发展中国家提供的双边政府贷款。贷款的利率比较低，一般年利率为2%～3%，期限可长达20～30年。贷款后15年开始还款。

（2）国际金融机构信贷。主要是联合国所属的国际性金融机构，对其会员国提供贷款。如国际货币基金组织、世界银行、国际金融公司、国际开发协会等。这些国际金融机构提供的贷款数额、条件，都要按借款国提供的有关的经济资料及投资项目情况而定。此外，联合国还成立国际农业发展基金组织，向成员国中最缺粮的国家提供优惠贷款。

（3）出口信贷。西方国家为支持和扩大本国出口，加强国际竞争，采取对本国出口给以利息补贴并提供担保的方法，鼓励本国商业银行对本国出品商或外国进口商（或银行）提供较低利率的贷款，以解决买方支付的需要。这一信贷的特点是，提供的贷款低于市场利率，并限用于购买提供贷款国的出口商品。

（4）银行信贷。银行信贷即是向外国银行借款，一般不能享受出口贷款的优惠利率，而是按市场利率办理。

2. 吸收投资

我国目前吸收的外国投资主要是国外私人直接投资，一般有以下几种形式：

（1）国外独资经营。全部资金都是国外投资，企业的所有权属于国外资本，利润也全部归其所有。这种外国独资企业，要遵守我国一切政策法令，并交纳税金。

（2）合资经营。中外双方共同商定投资比例，合资经营，共担风险，共负盈亏。双方以设备、资金、土地、厂房、工业产权等作为投资股份，以货币计算股权，按股权比例分取收益。

（3）合作经营。合作经营即所谓契约式合营，中外合作双方的责任、权利、义务，由双方协议，签订合同，并经我国政府批准，受我国法律保护。一般由中方提供土地、自然资源、劳力和房产、一般设施等；由外国提供资金、技术、主要设备、器材等。双方按协议中的投资方式和分配的比例分取收益。

（4）合作开发。主要用于资源开发，如我国渤海、南海、北部湾的石油开发都属于合作开发性质。

必须指出，利用外资应认真分析计算工程项目的投资效益，应采用动态方法考虑资金的时间因素，计算工程的内部收益率，并根据各种资金来源作出最优选择。同时，利用外资还要有一定数量的国内资金与之配套。这就要求搞好内资与外资的统一平衡。此外，向国外借贷，还必须估计工程项目建成后的偿还能力。因为向国内银行借贷是按单利计息，向国外借贷都是按复利计息，两者相差很大。

第二节　固　定　资　产

一、固定资产的含义

固定资产是指工程企业单位中可供长期使用的物质资料，它是进行生产的物质技术基础。水利工程中的固定资产包括各种水工建筑物（坝、闸、抽水站、水电站、渠道、渠系建筑物、水库等）、厂房、住宅、各种机电设备、主要生产设备、工具以及测试仪器等。固定资产一般应具备以下几个条件：

（1）使用期一年以上的水工建筑物、设备、仪器、房屋。

（2）其他建筑物和经济林等。

（3）不属于生产经营的主要设备，单位价值在2000元以上，使用期限超过两年的物品。

在生产过程中，固定资产仍保持原来的实物状态，但其价值随磨损程度以折旧形式逐渐地转移到产品成本中去，并随着产品的销售而逐渐地获得补偿。因此，固定资产在其使用过程中，束缚在其实物形态上的价值是逐年递减的，并脱离“母体”之外；另外，以折旧基金形式积存的价值则逐年递增，一直到固定资产不能继续使用。然后，再把所积存的全部折旧基金用来更新固定资产，于是这一部分资金又由货币还原为实物形态，如此往复循环周转。

二、固定资产的分类

固定资产按其经济用途可分为生产性固定资产和非生产性固定资产两大类。通过这种分类可以了解企业各类固定资产所占的比重，便于分析固定资产的结构是否合理。

固定资产也可以按使用情况进行分类，即分为使用中的、未使用的和不需要的固定资产。通过这种分类便于了解和分析固定资产的利用程度，促使企业减少积压，从速投入生产使用；确实不需要的迅速处理或外调，以便充分挖掘固定资产的潜力，提高其利用程度。

在实际工作中，通常把固定资产分为以下五类：

（1）生产用固定资产。这是指直接参加生产，保证生产活动持续进行所需要的各种固定资产。如各种水工建筑物、厂房、机电设备、动力设备、生产设备、工具、仪器等。

（2）非生产用固定资产。这是指与生产活动无直接联系，用于其他方面的各种固定资产。如职工的福利设施和附属的多种经营企业等。

（3）使用中的固定资产。这是指正在使用的、因修理或季节性暂停使用的固定资产。

（4）未使用的固定资产。这是指尚未开始使用新增加的固定资产，以及因生产任务变更等原因而停止使用的或需要进行改建、扩建的固定资产。

（5）不需用的固定资产。这是指本单位不需用的固定资产，有待处理、转让或出租者。

三、固定资产的折旧和经济年限

1. 直线折旧法

为了正确计算固定资产的折旧，首先要确定固定资产折旧的因素。马克思指出："根据经验可知，一种劳动资料，例如某种机器，平均能用多少时间。假定这种劳动资料的使用价值在劳动过程中只能持续 6 天，那么他平均每个工作日丧失它的使用价值的 1/6，因而把它的价值的 1/6 转给每天的产品。一切劳动资料的损耗，例如，它们的使用价值每天的损失，以及它们的价值每天往产品上相应的转移，都是用这种方法来计算的"。由此可见，决定固定资产折旧的主要因素是固定资产的使用年限和原始价值。

此外，在计算固定资产折旧时，还要考虑固定资产报废时可能收回的残余值及其清理费用。

由于固定资产的折旧问题不仅涉及到企业的利益，而且还关系到国家的收入，所以国家对折旧计算的方法都有相应的规定。常见的折旧方法是直线折旧法。

直线法也称为平均年限法，是目前我国最为常用的一种折旧方法。这种计算方法是假定固定资产的账面价值是随时间而直线下降的（线性贬值），因此其每年的折旧金额相同。其计算公式如下：

$$d=\frac{K}{n} \tag{2-3}$$

式中 d——年折旧费；

n——折旧年限；

K——固定资产原值。

对于用于基本建设拨款或基本建设贷款的固定资产，以建设单位交付使用的财产明细表中确定的固定资产价值为原值；有偿调入的固定资产，以调拨价格或双方协议价格，加上包装费、运输费和安装费后的价值为原值；无偿调入的固定资产，按调出单位的账面价值减去原来的安装成本，再加上调入单位安装成本后的价值为原值。

折旧费一般也用折旧率 α 来表示：

$$\alpha=\frac{d}{K}\times 100\% \tag{2-4}$$

从上述公式可以看出，年折旧费用的大小与折旧的年限有密切关系。如果折旧年限长，则折旧率低；反之，折旧年限短，则折旧率高。折旧年限如何确定，涉及到工程设备的实际寿命、经济寿命和其他因素。随着科学技术的发展，为了采用现代化新技术和加速更新工程设备，往往把折旧年限定得比较短。使有些固定资产的实际寿命往往大于折旧年限。使固定资产在报废时存在着一定的使用价值，称为残余价值，简称残值。因此，考虑残值（S）后，式（2－3）可以写成如下形式：

$$d=\frac{K-S}{n} \tag{2-5}$$

关于残值的计算，一般可用下列公式计算（见图 2－1）：

$$S=K\left(1-\frac{n}{N}\right)$$

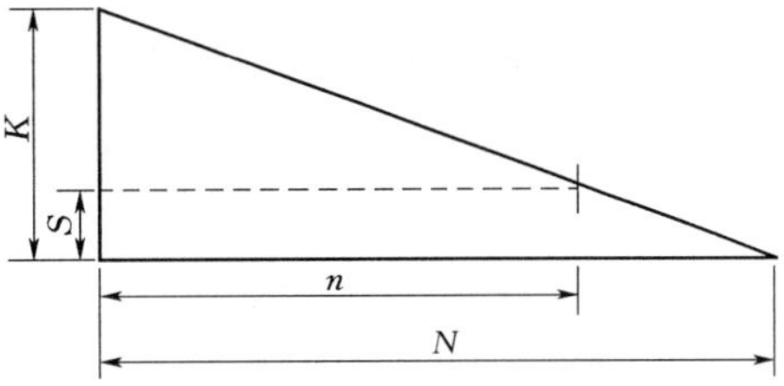

图 2－1 固定资产价值与使用时间的关系

式中 S——固定资产的残值；

N——固定资产的实际寿命；

其余符号意义同前。

【例 2－3】 有水力发电机组一台，价值 50000 元，5 年之后的残值为 10000 元，使用直线法计算每年的折旧费和折旧率。

解 由

$$d=\frac{K-S}{n}=-\frac{50000-10000}{5}=8000(\text{元/年})$$

$$\alpha=\frac{d}{K-S}\times 100\%=\frac{8000}{40000}\times 100\%=20\%$$

2. 固定资产的大修

固定资产在使用过程中磨损到一定程度，就会影响它的性能和效率。必须适时进行修理、更换和修复磨损的部分。这种修理的工作量大小可以分为日常修理和大修理两种。

水利工程日常修理的特点是修理次数多，工作量较小，不需要停止生产，所需费用较少。它是一种经常性的支出，可作为维修保养费计入当年产品成本。

大修理是对固定资产的主要组成部分或大量损耗部分进行更换或修理，其目的是恢复固定资产原有的使用价值。其特点是修理范围广，修理时间间隔长，每次花费的时间多，要停产，所需费用多。所以其修理费应由固定资产的补偿基金来支付。对水利工程一般每隔几年要进行一次大修，因此应在水利工程、设备的使用期限内，每年按一定的大修理费折旧率（或称大修理费率）提取。

从折旧计算的方法中看出，在计算公式中只考虑了固定资产的原值。而实际上，在固定资产使用期满时，还应补偿在折旧年限内的全部大修理费用，以及固定资产的拆除清理费用等。

如用直线法进行折旧计算，年折旧费（d）的修正公式应为

$$d=\frac{K+R+O-S}{n} \tag{2-6}$$

$$\alpha=\frac{d}{K}\times 100\% \tag{2-7}$$

式中 K——固定资产原值；

R——全部大修理费；

O——拆除清理费；

S——残值；

n——折旧年限；

α——折旧率。

在我国，通常把综合折旧率分为两部分，即基本折旧率（$\alpha_{基本}$）和大修理折旧率（$\alpha_{大修}$）。相应地，把基本折旧基金作为重新购置固定资产的资金来源；把大修理基金作为局部更新固定资产的资金来源。将式（2-6）及式（2-7）分为两部分，则有

$$\alpha_{基本}=\frac{K+O-S}{K}\times 100\% \tag{2-8}$$

$$\alpha_{大修}=\frac{R}{K}\times 100\% \tag{2-9}$$

必须指出，目前许多水利工程管理单位，在计算年费用中都没有回收折旧费和大修理费，致使许多工程、设备因资金缺乏而得不到及时维修，不能保持完好的工作状态，更谈不上采用新技术、更新旧设备。因此，今后必须提取折旧费和大修理费，以发挥工程或设备的应有功能和效率。

3. 经济寿命和折旧年限

经济寿命是指工程或设备在此寿命期内，平均每年的总费用（包括年运行维修费和折旧费，折旧费也称为资金恢复费用）最小。如以购置一台水泵而言，其使用年限愈长，则每年分摊的资金恢复费用愈少；但随着使用年限的加长，水泵的运行维修费用却逐年增大。因此，综合上述两个因素，在整个设备使用期内，就可以找到某一年度，当设备使用到这一年时，它的年资金恢复费用和年运行维修费用之和即总费用为最小。这说明设备使用到这一年时为最有利，此年限即为其经济寿命。

若设备的使用年限为 T，设备的购置费用为 K，则设备在不同使用年限的年资金恢复费用（按直线折旧）是：使用 1 年时为 K，使用 2 年时为 $K/2$，使用 3 年时为 $K/3$，……，使用 T 年时为 K/T。显然，每年的资金恢复费用是随着使用年限的增加而减少的。与此相反，对年维修运行费用，则是随着使用年限的增加而增大。若各年的运行维修费用分别为 R_1、R_2、$R_3\cdots R_T$，则有 $R_1<R_2<R_3\cdots<R_T$。从图 2-1 中不难看出，总费用最小发生在第 n 年，此时即为设备的经济寿命。显然，经济寿命（有时也称预期使用年限）要比实际寿命短。根据经济寿命计算的折旧率要比用实际寿命计算的大。一般情况下，常以经济寿命作为折旧年限来进行折旧计算。

随着科学技术的迅速发展、工程设备的日益更新，资本主义国家把加速折旧作为发展经济、刺激生产的一种手段。为了加快工程设备的更新，往往把折旧年限定得愈来愈短。我国对水利工程的折旧年限已在 SD139—85《水利经济计算规范》中初步规定，一般说规定的折旧年限是比较长的。合理的折旧年限一般应根据固定资产的实际使用寿命，结合考虑其经济寿命和技术发展、设备更新等因素来确定。

以下介绍确定经济寿命的计算方法。因为经济寿命期是由年费用最小决定的，所以要

确定经济寿命期，需先算出每年的年费用。年费用可表达为

$$C = d + R_{(n)} \tag{2-10}$$

式中　C——年费用；

d——年折旧费，即资金恢复费用，$d=K/n$；

n——使用年限；

$R_{(n)}$——年运行维修费用，它是使用年限 n 的函数。

年运行维修费 $R_{(n)}$ 随使用年限 n 的增加而增加。假定第一年的年运行维修费用为 R_1，以后每年增加一等量值 r，则每年的总费用可表达成

$$\begin{aligned} C &= \frac{K}{n} + R_1 + [r + 2r + \cdots + (n-1)r]/n \\ &= \frac{K}{n} + R_1 + [n(n-1)r]/2n \\ &= \frac{K}{n} + R_1 + \frac{r}{2}(n-1) \end{aligned}$$

要使年总费用最小，可求上式对 n 的导数，并使其等于 0。即

$$\frac{\mathrm{d}C}{\mathrm{d}n} = -\frac{K}{n^2} + \frac{r}{2} = 0$$

解上式得经济寿命

$$n = \sqrt{2K/r} \tag{2-11}$$

【例 2-4】　某水利综合经营公司购置一台加工机器，购价为 15000 元，第一年的运行维修费用为 1500 元，以后每年增加 300 元，试计算其经济寿命，以及到经济寿命时的年总费用。

解　$K=15000$ 元，$R_1=1500$ 元，$r=300$ 元

$$n = \sqrt{2K/r} = \sqrt{\frac{2\times 15000}{300}} = 10(\text{年})$$

当 $n=10$ 时，

$$C = \frac{K}{n} + R_1 + \frac{r}{2}(n-1) = \frac{15000}{10} + 1500 + \frac{300}{2}\times(10-1) = 4350(\text{元})$$

即该机器的经济寿命期为 10 年。第 10 年时的年总费用为 4350 元。

四、共用固定资金的分摊

共用固定资金是共用固定资产的表现形式，水利行业的固定资产可以分为三种形式：

(1) 共用的固定资产。即被各个用水部门共同利用，如综合性水利工程的挡水建筑物。

(2) 专用的固定资产。即被各个用水部门专门利用，如发电用的水轮机，灌溉用的渠首，防洪用的溢洪道等。

(3) 综合经营的部门所具有的固定资产。

上述这种主次分摊法的特点是以工程担负任务的主次来进行分摊。即主要部门负担单独举办最优等效替代工程的投资费用；次要部门负担增加的费用；附属部门不负担共用工程的投资和费用。如以灌溉为主的水库，该部门应承担单独兴建灌溉工程，并达到相同抗

旱标准时所需的全部工程费用；发电部门仅承担由于发电需要而扩建的工程设施所需要的相应费用。

（一）枢纽指标系数分摊法

根据各部门利用枢纽工程的某些技术经济指标的比值来进行分摊，一般常以库容、用水量等作为指标，其公式可表达为

$$K_i = K\frac{V_i}{\sum_{i=1}^{n} V_i}$$

或

$$K_i = K\frac{W_i}{\sum_{i=1}^{n} W_i}$$

式中 V_i——第 i 收益部门占有综合利用水库工程的库容；

$\sum_{i=1}^{n} V_i$——各受益部门占用库容的总和；

W_i——第 i 部门需综合利用水利枢纽提供的年用水量；

$\sum_{i=1}^{n} W_i$——各受益部门需枢纽提供的总用水量；

其他符号意义同前。

这种分摊方法具有一定的合理性，一般常在中、小型综合利用水利工程中采用。考虑到大中型水库有一定的垫底库容，其投资由主要部门负担。当次要部门不负担时，则公式可以写成如下的形式：

$$K'_i = K\left(\frac{V_i + V_0\left(V_i / \sum_{i=1}^{n} V_i\right)}{\sum_{i=1}^{n} V_i + \sum_{i=1}^{n'} V'_i + V_0}\right)$$

$$K''_i = K\left(\frac{V'_i}{\sum_{i=1}^{n} V_i + \sum_{i=1}^{n'} V'_i + V_0}\right)$$

式中 V_0——综合利用水库的垫底库容；

K'_i——综合利用水利工程中第 i 个主要受益部门的分摊投资；

K''_i——综合利用水利工程中第 i' 个主要受益部门的分摊投资；

n、n'——主要和次要受益部门的总数目；

V_i、V'_i——主要部门 i 和次要部门 i' 占有的库容；

其他符号意义同前。

【例 2－5】 某水库枢纽，以灌溉为主，防洪次之。总库容为 6300 万 m^3，其中兴利库容为 4500 万 m^3，防洪库容为 1100 万 m^3，死库容为 700 万 m^3。共用工程的总投资为 1250 万元。试用枢纽库容系数结合工程任务主次，分摊该枢纽共用工程的投资。

解 该枢纽以灌溉为主，因此灌溉部门应负担兴建水库垫底库容的全部投资；防洪部门负担增加的投资。根据上式计算灌溉、防洪两部门各自应分摊的投资：

$$K'_1=\left(\frac{V_1+V_0}{V_0+V_1+V_2}\right)K=\frac{700+4500}{6300}\times1250=1031(\text{万元})$$

$$K'/K=1031/1250=82.5\%$$

$$K''_1=\left(\frac{V_2}{V_0+V_1+V_2}\right)K=\frac{1100}{6300}\times1250=219(\text{万元})$$

$$K''_1/K=219/1250=17.5\%$$

因此灌溉工程应分摊共用部分投资的82.5%，即负担1031万元；防洪工程应分摊共用部分投资的17.5%，即负担219万元。

（二）效益比例分摊法

根据综合利用各部门在经济分析期内折算的效益现值（或折算的效益年值），与该综合利用部门效益现值的总和（或各部门效益年值的总和）的比例来分摊共用投资或运行费用。其计算公式可表示为

$$K_i=K\frac{B_i}{\sum_{i=1}^{n}B_i}$$

式中　B_i——第i受益部门在经济分析期内的效益现值或效益年值；

$\sum_{i=1}^{n}B_i$——各受益部门在经济分析期内效益现值的总和或效益年值的总和；

其他符号意义同前。

如果各受益部门专用工程的年运行费用为已知时，公式中B_i及$\sum_{i=1}^{n}B_i$也可分别用(B_i-C_i)及$\sum_{i=1}^{n}(B_i-C_i)$来代替。

其中，C_i表示第i受益部门专用工程在经济分析期内的年运行费用现值或年值，(B_i-C_i)即为其相应的净效益现值或净效益年值。

【例2-6】　某综合利用水利工程，总投资为2.0亿元，其中专用工程设施的投资为0.8亿元，共用工程设施的投资为1.2亿元。各受益部门的效益年值及其专用工程的年运行费用见表2-1。试用各受益部门获得的毛效益及净效益年值比例对水库共用工程投资进行分摊。

表2-1　综合利用水利工程各部门受益情况表　单位：万元

项目＼部门	防洪	灌溉	发电
各专用工程投资	3500	1500	3000
毛效益年值	1400	1200	800
专用工程年运行费用	280	350	200

解　根据公式列表计算，其成果列于表2-2中。

在研究各受益部门的投资比例时，用这种费用分摊法较为合适。但用这种方法，有时可能使效益小而实际占用投资大的部门掩盖了它在经济上没有开发价值的真相，从而违背

了公平分配的原则，这是必须注意防止的。

表 2-2 综合利用水利工程投资分摊计算表

<table>
<tr><th colspan="3">项 目</th><th>防 洪</th><th>灌 溉</th><th>发 电</th><th>合 计</th><th>备 注</th></tr>
<tr><td colspan="2">共用工程投资（万元）</td><td>①</td><td></td><td></td><td></td><td>12000</td><td></td></tr>
<tr><td colspan="2">专用工程投资（万元）</td><td>②</td><td>3500</td><td>1500</td><td>3000</td><td>8000</td><td></td></tr>
<tr><td colspan="2">毛效益年值（万元）</td><td>③</td><td>1400</td><td>1200</td><td>800</td><td>3400</td><td></td></tr>
<tr><td colspan="2">年运行费用（万元）</td><td>④</td><td>280</td><td>350</td><td>200</td><td>830</td><td></td></tr>
<tr><td colspan="2">净效益年值（万元）</td><td>⑤</td><td>1120</td><td>850</td><td>600</td><td>2570</td><td>③－④</td></tr>
<tr><td colspan="2">净效益年值比例（%）</td><td>⑥</td><td>43.6</td><td>33.1</td><td>23.3</td><td>100</td><td>⑤/2570</td></tr>
<tr><td rowspan="2">按净效益比例分摊</td><td>共用工程分摊投资（万元）</td><td>⑦</td><td>5232</td><td>3972</td><td>2796</td><td>12000</td><td>①×⑥</td></tr>
<tr><td>各部门总投资（万元）</td><td>⑧</td><td>8732</td><td>5460</td><td>5808</td><td>20000</td><td>②＋⑦</td></tr>
<tr><td colspan="2">毛效益年值比例（%）</td><td>⑨</td><td>41.2</td><td>35.3</td><td>23.5</td><td>100</td><td>③/3400</td></tr>
<tr><td rowspan="2">按毛效益比例分摊</td><td>共用工程分摊投资（万元）</td><td>⑩</td><td>4944</td><td>4236</td><td>2820</td><td>12000</td><td>12000×⑨</td></tr>
<tr><td>各部门总投资（万元）</td><td>⑪</td><td>8444</td><td>5736</td><td>5820</td><td>20000</td><td>②＋⑩</td></tr>
</table>

第三节 年运行费用

年运行费用或称年经营费用是水利工程经济分析中常用的一个重要经济指标。它是指水利工程设施在正常运行期间每年需要支出的经常性费用，包括燃料动力费、工资、行政管理费、维修养护费、观测和试验研究费以及其他有关费用等。因为这些费用是每年直接花费掉的，所以也称直接年运行费。

上面已经指出，工程管理单位除每年要直接开支年运行费以外，还要对各类固定资产按一定的折旧率每年提取折旧费。它是工程管理单位每年从毛效益中需要提取的一项特殊支出，所以有人把折旧费称作间接年运行费。

为了便于计算，在经济分析中通常规定，所谓年费用（或称年成本）即是包括直接年运行费和间接年运行费两部分。所谓年运行费则仅指直接年运行费用。

关于折旧费已在前面论述。下面仅对直接年运行费进行扼要论述。

（1）燃料动力费。燃料动力费是指水利工程设施在运行中所消耗的煤、电、油等费用，它与各年的实际运行情况有关。其消耗指标可以根据规划设计资料或实际管理运用资料，分年统计核算求其平均值。如果缺乏实际资料，也可参照类似工程设施的管理运行资料分析确定。

（2）维修养护费。维修养护费主要指水利工程中各类建筑物和设备，包括渠道在内的维修养护费。一般分为日常维修、岁修（每年维修一次，如渠道、堤防的岁修）和大修理费等。大修理一般每隔几年进行一次，所以大修理费并非每年均衡支出，但为简化起见，在实际经济分析中，往往将大修理费用平均分摊到各年，作为年运行费用的一项支出。

日常的维修养护费用的大小与建筑物的规模、类型、质量和维修养护所需工料有关。一般可按相应工程设施投资的一定比率（费率）进行估算，也可参照同类设施、建筑物或设备的实际开支费用分析确定。

（3）行政管理费和工资。这项费用的多少与工程规模、性质、机构编制大小等有关。可按各省区市各部门有关规定并对照类似工程设施的实际开支估算确定。

（4）观测和试验研究费。工程在建设前期或建设期间，特别是在管理运用时期，都需进行观测、试验研究。如大坝的稳定、渗漏、变形观测，灌溉试验以及其他专题研究等，都应列出专门的费用开支（一般不宜笼统列入行政管理费中，以免挪用），以保证观测试验研究工作的正常开展。费用多少，根据工程建筑物具体情况而异。一般可按年管理运行费的一定比例确定，或参照类似工程的实际开支费用分析确定。

（5）补救和赔偿费。水利工程建成以后，有时也会带来一些不良影响。如引起水库周围、渠道两侧地下水位上升导致土壤盐碱化、沼泽化，修建涵闸影响鱼类的回游等，都需进行赔偿。或者为了扶持移民的生产、生活，每年需要付出一定的补助费用等，这些费用有的是一次（或几次）支出，有的可以将其总值平均分摊到各年支付。

（6）其他费用。如工程管理部门开展多种经营，开办企业和工厂等，则应按财政部门的规定缴纳税金。对参加保险的工程项目，应按保险部门规定每年交纳保险费等。

第三章　动态经济计算的理论基础

第一节　资金和时间的关系

一、资金的时间价值

货币资金有时间价值，就是指一定数量的货币资金的价值是不固定的，它随着时间而变化。换句话说，资金的时间价值就是资金通过一系列的经济活动，其价值随着时间而变化。即在一定时间内，资金通过一系列的经济活动具有增值的能力。例如，把钱存入银行，可以因获得利息而增值。存款的时间愈长，利率愈大，其增值亦愈大。如按年利率5%计算，今天100元存入银行，1年后将是105元，2年以后将是110.2元。这就说明时间起了作用，使这笔存款因获得利息而增值。同样道理，如果把一笔资金成功地投入到生产活动中去，它也可以因获得效益而增值。当然，这种投资是有一定风险的，它与把钱存入银行不同。反之，如果将100元钱放在家中而不加利用，到明年它将仍是100元，不会有任何的增值。这就是我们一般所说的“资金的时间价值”的概念。按照这个观点，我们利用货币资金进行投资活动时，一方面要考虑采用何种经济活动方式使资金得到最有效的利用，使其随时间的增长而获得更大的增值；同时，要充分认识“时间就是金钱”、“资金只有运动才能增值”的规律，不要随便积压资金，而是要充分利用资金，加速资金的周转。如果把资金投入到水利工程中去，则要使工程早日建成，早日投产。

必须指出，在经济生活中，还存在着通货膨胀。通货膨胀就是价格上涨，使一定货币的购买力降低。换句话说，就是由于物价的上涨，使钱愈来愈不值钱。所以通货膨胀对资金的时间价值影响是很大的，这可用通货膨胀率来计算。但是我们这里讨论的，是假定不存在通货膨胀的情况下，货币资金存在着增值的时间价值。即今天一定数量的钱等于将来更多的钱；反过来说，将来一定数量的钱，在今天看来就不那么值钱。这就是“时间就是金钱”的概念。实际上，我们古代的一句名言“一寸光阴一寸金”反映了同样的道理。

二、利息和利息率

按照通常的理解，所谓利息就是借出一定数量的货币，在一定时间内除本金以外所取得的额外收入。从资金具有时间价值这一观点来看，借用一定时期的货币，就要付出一定的代价。利息就是对借用货币所付出代价的一种补偿。

利息是国家运用价值规律调节经济的一个重要杠杆。国家发行有息国库券，银行对储蓄支付利息，都可以鼓励人民储蓄支援国家建设。银行对企业贷款收取利息，可以促进企业节约资金，改善经营管理，加速资金周转。此外，作为国家调节经济比例的杠杆，利息还可以对资金流向的计划指导起到一定的作用。不论贷款收取利息，或是储蓄、存款支付利息，都是国民收入在国家、企业和个人之间的再分配。

利息的大小常用利率来表示，利率就是在一定时期内所付利息额与所借的资金额之比，通常以百分率表示。例如，借款 1000 元，一年后付息 50 元，则年利率为 5%。用于表示计算利息的时间单位称为计息周期。

利息的计算有单利和复利两种：

单利计息是仅用本金计息，不把先前计息周期中的利息累加到本金中去，即利息不再生利。所以它的计算比较简单，其总利息与利息的期数成正比。

单利计算的公式如下：

$$F=P(1+ni) \tag{3-1}$$

式中　P——本金；

i——利率；

n——资金占用期内计算利息的次数，即周期数；

F——本金与全部利息之总和，即本利和。

【例 3-1】　借款 10000 元，年利率为 8%，求第 4 年末的本金与全部利息之总和（即所欠的总金额）。

解

$$\begin{aligned}F&=P(1+ni)\\&=10000\times(1+4\times0.08)\\&=13200(\text{元})\end{aligned}$$

复利计息是由本金加上先前周期中累计利息总额的总和进行计息，即利息再生利息。所谓“利滚利”就是复利计算的意思。对贷款者负担来说，按复利计算要比单利为重。

复利计算的公式为

$$F=P(1+i)^n \tag{3-2}$$

式中符号意义同前。

单利计息和复利计息有明显的差别。按单利计算 4 年后欠款总额 13200 元，而按复利计算为 13605 元，两者相差 405 元。如果贷款的数额愈大，计算的年限愈长，则用复利计算的结果与单利计算的差别愈大。

【例 3-2】　贷款 100 万元，年利率 15%，试分别用单利和复利计算第 5 年末的本利和。

解　按单利计算：$F=P(1+ni)=100\times(1+5\times0.15)=175$(万元)

按复利计算：$F=P(1+i)^n=100\times(1+0.15)^5=201.14$(万元)

单利计息贷款与资金占用时间是线性化关系，利息额与时间按等差级数增值；复利计息贷款与资金占用时间是指数变化关系，利息额与时间按等比级数增值。当利率较高、资金占用时间较长时，所需支付的利息额较大。如上述的算例，5 年以后需还的本利和为 201.14 万元，比贷款 100 万元增加一倍多。所以，复利计息方法对资金占用的数量和时间有较好的约束力。目前，在工程经济分析中一般均按复利方法计算投资效益。单利计算法仅用于我国银行储蓄、贷款。

三、名义利率和实际利率

在实际应用中，利息可以按年计算，也可按月计算，也可按周计算。由于计息周期的不同，同一笔资金在占用的总时间相等的情况下，其计算的结果是不同的。例如，某人现在银行存款 10000 元，按月利率 1%计算复利，计息周期为月，则一年后的本利和为：

$$F = P(1+i)^n = 10000 \times (1+0.01)^{12} = 11270(\text{万元})$$

在这种情况下，月利率 1%和计息周期（月）两者是统一的，此时的利率称作实际利率。

仍以上例为例，月利率 1%，通常我们也可以把它换成年利率 12%来表示，这就是“名义利率”或称为“虚利率”。如果用 12%的年利率（即名义利率）计算，计算周期为年，其结果如下：

$$F = P(1+i)^n = 10000 \times (1+0.12)^1 = 11200(\text{万元})$$

两者相差 11270－11200＝70 元。这说明用 1%的月利率在一年内按月计算的利息要比用 12%的名义利率计算的结果大一些，大约相当于 12.68%的年利率的计算值。这 12.68%即称为“实际利率”。名义利率和实际利率的关系可用下式表示：

$$i = \left(1 + \frac{r}{n}\right)^n - 1 \tag{3-3}$$

式中 i——实际利率，或称有效利率；

r——名义利率，或称额定利率；

n——复利期数。

仍以上例来计算，$r=12\%$，$n=12$，则

$$\begin{aligned} i &= \left(1 + \frac{0.12}{2}\right)^{12} - 1 \\ &= (1+0.01)^{12} - 1 = 1.1268 - 1 \\ &= 0.1268 = 12.68\% \end{aligned}$$

即为实际利率。

在工程经济计算中，在进行方案的经济比较时，若按复利计息，而各方案在一年中计算利息的次数如不同，则就难以比较各方案的经济效益。这就必须将各方案计息的“名义利率”全部换算成“实际利率”，然后进行比较分析。在工程经济计算中，一般都以“实际利率”为准。

【例 3-3】 从甲银行取得贷款，年利率为 16%，计息周期为年。从乙银行取得贷款，年利率为 15%，计息周期为月。试比较向谁取得贷款较为有利。

解 甲的实际利率是 16%；

乙的名义利率是 15%，需求出其实际利率：

$$n = 12$$

$$i = \left(1 + \frac{r}{n}\right)^n - 1 = i = \left(1 + \frac{0.15}{12}\right)^{12} - 1 = 16.075\%$$

乙的实际利率略高于甲的实际利率，故向甲银行取得贷款较有利。

四、贴现和贴现率

在水利工程上的投资一般是多次性的，并分散在较长时期内。一般情况下，施工期间

的投资多些；工程建成以后，每年投入的管理运行费就少些。工程的效益则是初期小些，后期大些。因此，在进行工程方案经济比较时，必须把不同时期的投资和效益，都折算到一个共同的基础上。通常是折算到同一基准时间的现值。这个基准时间可以是“现在”（即分析开始的时间），也可以定为任何其他时间。这种折算方法就叫贴现技术。它的基本原理就是将未来不同时期发生的货币值折算成现值。

贴现计算实质上就是复利计算的逆运算，因此，其计算公式如下：

$$P=\frac{F}{(1+i)^n} \tag{3-4}$$

式中　P——现值；

F——未来的金额；

n——期数；

i——贴现率，与上述的利率符号相同，但两者的概念却不相同。

【例 3-4】　一年以后的一笔金额 $F=100$ 元，其贴现率 $i=15\%$，如何贴现计算成现值？

解　已知　$F=100$，$i=15\%$，$n=1$

所以
$$P=\frac{F}{(1+i)^n}=\frac{100}{(1+0.05)^1}=95.24(\text{元})$$

五、等值和现值

如按复利公式计算，年利率 $i=5\%$，则今天的 100 元钱到一年以后就是 105 元；反之，一年后的 100 元钱，按贴现公式计算，采用贴现率 $i=5\%$，则贴现计算到现在就等于今天的 95.24 元。虽然两者数字不同，但它们是等值的。等值是经济分析中的一个重要概念。

我们还可以用一定贷款的不同偿还方案来看等值的意义，假设我们借了 8000 元，年利率 10%，准备在 4 年内本利一起还清。在这种情况下，可能由若干种偿还方案，先列出两种偿还方案以示比较。

第一方案是在每年年末偿还本金 2000 元，再加上所欠利息，即第一年偿还 2800 元，第二年偿还 2600 元，第三年偿还 2400 元，第四年偿还 2200 元，共偿还 10000 元，见表 3-1。

表 3-1　　贷款偿还第一方案计算表

年份 (1)	年初所欠金额 (2)	该年所欠利息 (3) = (2) ×10%	年终所欠金额 (4) = (2) + (3)	本金付款 (5)	年终付总款额 (6) = (3) + (5)
1	8000	800	8800	2000	2800
2	6000	600	6600	2000	2600
3	4000	400	4400	2000	2400
4	2000	200	2200	2000	2200
共计		2000		8000	10000

第二种方案可采用每年年终只付利息的办法，到第四年末再一次付清本金和该年的利息，见表3-2。

表3-2　　贷款偿还第二方案计算表

年份	年初所欠金额	该年所欠利息	年终所欠金额	本金付款	年终付总款额
1	8000	800	8800	0	800
2	8000	800	8800	0	800
3	8000	800	8800	0	800
4	8000	800	8800	8000	8800
共计		3200		8000	11200

从以上两个还款方案可以看出，虽然每年的支付额及其支付总额都不相同，但这两种付款方案与原来的8000元本金，其价值是相等的。所以对贷款者来说，任何一个偿还方案都可以接受。但对借款者来说，则可以根据资金的占有和利用情况选择对自己最有利的偿债方案。

如何确认这两个还款方案与8000元本金是等值的，这可用贴现公式来计算。

所谓现值，即是把在分析期内不同时间发生的收支金额折算成同一基准时间的价值。基准年可以是现在，也可以是指定的任何时间。所以现值并不一定都是现时的价值，以后在现金流量图中可以清晰地看到这一点。

第二节　现金流量图

一、现金流量图的含义及原理

在工程经济中，为了便于分析资金的收支和变化，并避免计算时发生错误，经常采用现金流量图。图3-1为现金流量图的一般形势。图中常用的参数符号如下：

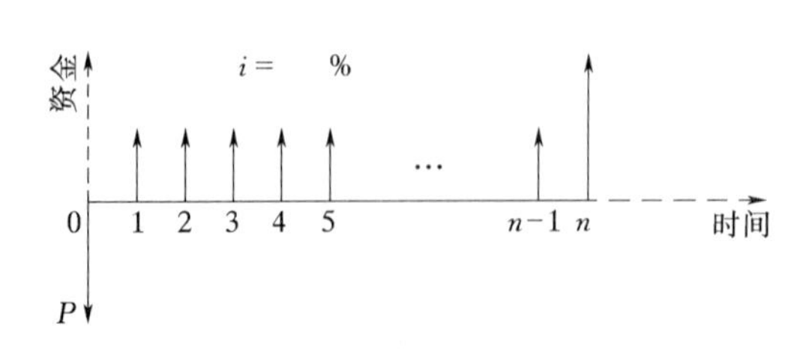

图3-1　现金流量图

i——利率；

n——复利期数；

P——现在的总金额，又称现值；

F——将来的总金额，又称终值；

A——年支付金额，又称年金，其值每年均相等。

图3-1中横线表示时间或期数，以n表示。每一个方案的分析期都假定从$n=0$开始。实际上，$n=0$为0年之末，第一年之初。$n=1$时，可以理解为第一年的年末，也可以是第二年的1月1日。垂直的箭头表示方案的收支金额。收入为正，箭头向上；支出为负，箭头向下（收入与支出是相对的，贷款者的收入即是借款者的支出，反之亦然）。另外，为了推导公式方便还假定现金的支付都发生在每期的期末（或一年之末），而不是在期初或期间。

二、现金流量图的应用

某人从现在开始每年在银行储蓄600元，总共存7次，年利率为6.8%，则在最后一年储蓄时，已积累了一笔为F的存款，其现金流量图如图3-2所示。

某水利工程，在第三年可以得到贷款投资额P元，并预计从第四年开始的10年中，每年可收益20万元，年利率为$i=6.5\%$，其现金流量图如图3-3所示。

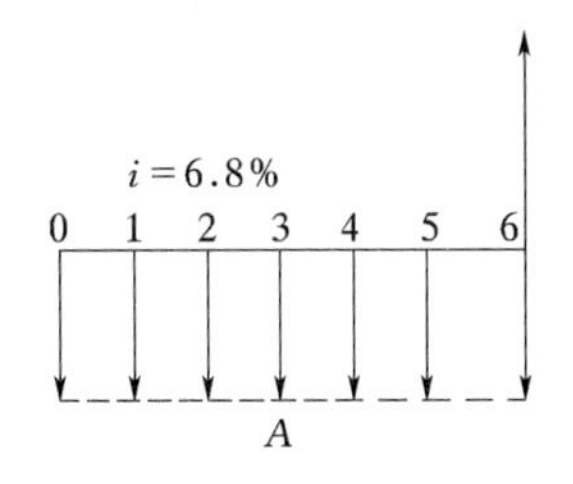

图3-2 未来值计算现金流量图

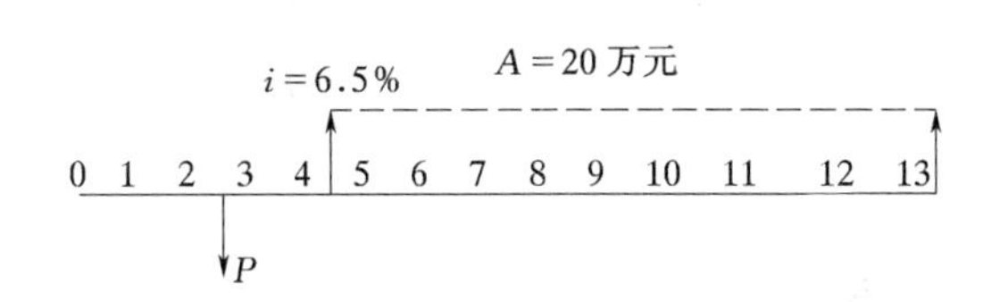

图3-3 某水利工程投资、收益现金流量图

第三节 动态计算的基本公式

动态分析计算中，最常用的有两类公式：一次支付公式和等额多次支付公式。

一、一次支付公式

一次支付公式类似银行中的整存整取，所以也称整存整取公式，主要有两个计算公式。

1. 整付本利和公式（或称复利终值或未来值公式）

在复利本利和的计算中，当已知期数为n，利率为i，则现金P的未来值可按下列公式计算：

$$F=P(1+i)^n \tag{3-5}$$

上式中的$(1+i)^n$称为复利本利和因子（或称终值因子），它可以计算现金（最初投资额）P在n年后，利率为i的未来值F。

为了便于应用，免去列出公式的麻烦，通常用一种规格化的符号来表示公式（3-5）中的复利本利和因子，其形式为$(F/P,i,n)$。括号中的第一个字母F代表要求的数，第二个字母P代表已知数，F/P即表示已知P求F；i是以百分数表示的利率；n代表期数。所以$(F/P,i,n)$也称为复利本利和因子，这样式（3-5）可简写成：

$$F=P(F/P,i,n) \tag{3-6}$$

【例3-5】 某人现在存款1000元，年利率为6%，求5年后可得到的本利和为多少？

解 其现金流量图如图3-4所示。

$$F=P(1+i)^5=1000\times(1+0.06)^5$$
$$=1000\times1.3382=1338.2(元)$$

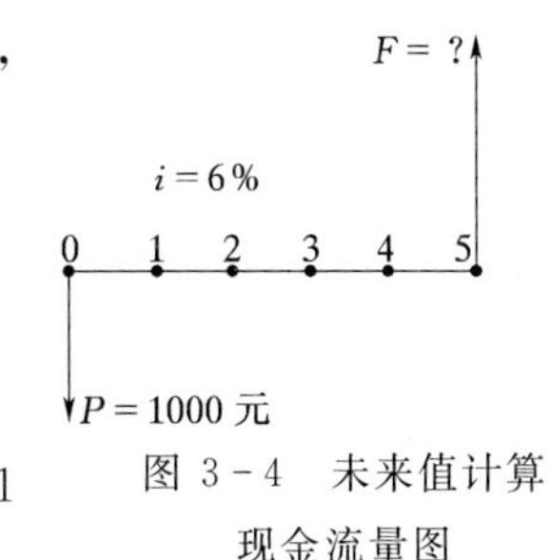

图3-4 未来值计算现金流量图

为了方便计算，在附录中有复利表可供查算。现查表1中的复本利和因子，得$(F/P,6\%,5)=1.3382$，所以：

$$F=P(F/P,\ i,\ n)=1000(F/P,\ 6\%,\ 5)$$
$$=1000\times1.3382=1338.2(\text{元})$$

2. 整付现值公式（贴现公式）

现值公式的现值因子实际上就是复利本利和的倒数，仍如图 3-4 所示，但此时的 F、i、n 为三个已知数，P 为所求的未知数（即现值）。

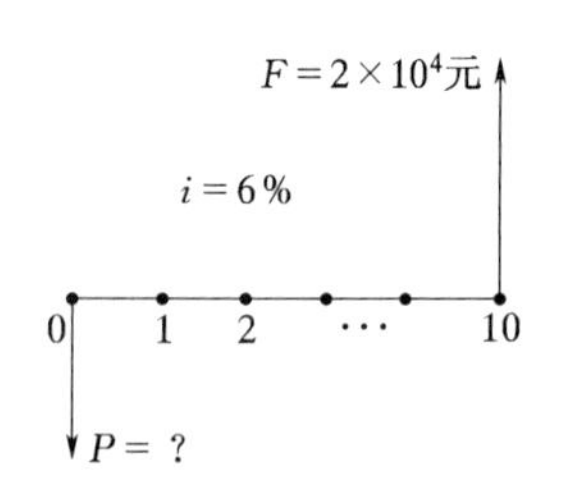

图 3-5 一次支付现值公式现金流量图

把式（3-5）略作变换，即得

$$P=F\left[\frac{1}{(1+i)^n}\right]=F(1+i)^{-n} \tag{3-7}$$

用规格化符号可写成如下形式：

$$P=F(P/F,\ i,\ n) \tag{3-8}$$

式中，$(1+i)^{-n}$或（P/F，i，n）称一次支付现值因子或称贴现系数。

【例 3-6】 某人 10 年后需款 20000 元，现按 6%的年利率存款于银行，问现在应存款多少才能得到这笔款项。

解 现金流量图如图 3-5 所示。

$$P=F(P/F,\ i,\ n)=20000(P/F,\ 6\%,\ 10)$$
$$=20000\times0.5584=11168(\text{元})$$

如果现金流量是表示一个系列的支付，每次支付的数额不等，各为 S_1，S_2，…，S_n 等，则求其现值总和的公式为

$$P=S_1(1+i)^{-1}+S_2(1+i)^{-2}+\cdots+S_{n-1}(1+i)^{-(n-1)}+S_n(1+i)^{-n}$$

即
$$P=\sum_{k=1}^{n}S_k(1+i)^{-k} \tag{3-9}$$

或写成
$$P=\sum_{k=1}^{n}S_k(P/F,\ i,\ k) \tag{3-10}$$

如果要求这一系列现金流量的未来值总和，则

$$F=S_1(1+i)^{n-1}+S_2(1+i)^{n-2}+\cdots+S_{n-1}(1+i)+S_n$$

即
$$F=\sum_{k=1}^{n}S_k(1+i)^{n-k}$$

或写成
$$F=\sum_{k=1}^{n}S_k(P/F,\ i,\ n-k)$$

或由于已知
$$F=P(1+i)^n$$

将式（3-9）带入式 $F=P(1+i)^n$ 中得

$$F=(1+i)^n\sum_{k=1}^{n}S_k(1+i)^{-k}$$

所以
$$F=\sum_{k=1}^{n}S_k(1+i)^{n-k} \tag{3-11}$$

【例 3-7】 一个系列的现金流量支付情况如图 3-6 所示，年利率为 6%，求这个系列金额的现值总和及未来值总和。

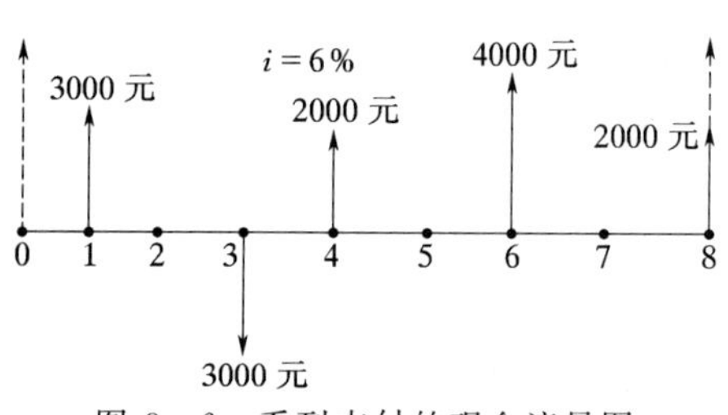

图 3-6 系列支付的现金流量图

解　现值总和

$$
\begin{aligned}
P &= 3000(P/F,6\%,1) - 3000(P/F,6\%,3) \\
&\quad + 2000(P/F,6\%,4) + 4000(P/F,6\%,6) + 2000(P/F,6\%,8) \\
&= 3000\times 0.9434 - 3000\times 0.8396 + 2000\times 0.7921 \\
&\quad + 4000\times 0.7050 + 2000\times 0.6274 = 5970.4(\text{元})
\end{aligned}
$$

未来值总和

$$
\begin{aligned}
F &= 3000(F/P,6\%,7) - 3000(F/P,6\%,5) \\
&\quad + 2000(F/P,6\%,4) + 4000(F/P,6\%,2) + 2000 \\
&= 3000\times 1.5036 - 3000\times 1.3382 + 2000\times 1.2625 \\
&\quad + 4000\times 1.1236 + 2000 = 9515.6(\text{元})
\end{aligned}
$$

如已知现值总和 $P=5970.4$ 元，也可直接求出其将来值。即

$$
\begin{aligned}
F &= P(F/P,i,n) = 5970.4(F/P,6\%,8) \\
&= 5970.4\times 1.5938 = 9515.6(\text{元})
\end{aligned}
$$

二、等额多次支付公式

有零存整取和整存零取两类四个主要公式。但无论是零存或零取，它的金额都是相等的，所以称等额多次支付公式，或称均匀支付公式。

1. 存储基金公式（或称偿债基金公式）

也称基金累积公式，即通过分次等额支付，以便积累一笔已知的将来金额。用这种方式建立起来的基金每期支付一份均等的金额（通常称年金，以 A 表示），并在计息期末一次支付，所以属于零存整取的形式。

其现金流量图如图 3-7 所示。

为了在 n 年末能求累积基金 F 元，年利率 i，问每年末应存入的资金（A）为多少？

已知 F，n，求 A？

从图 3-7 看出，在 n 年内每年收益 A 元，经 n 年后，到 n 年末的总金额为 F。显然 F 就是各次等额收益 A 的复利本利的总和。

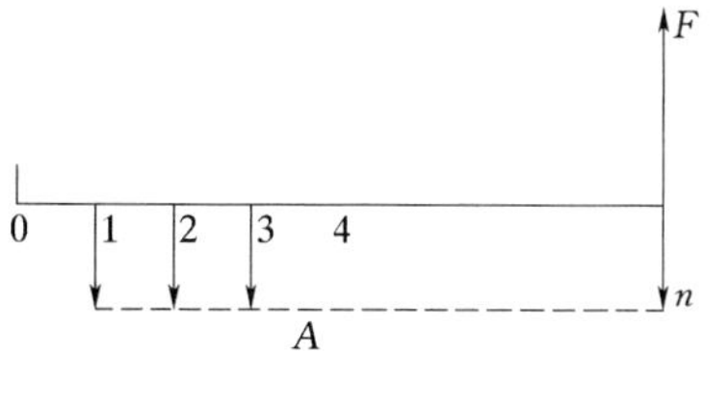

图 3-7　存储基金现金流量图

从以下过程来看：

第一年末的投资 A 可以得到 $(n-1)$ 年的利息，则其复本利和为 $A(1+i)^{n-1}$

第二年的为 $A(1+i)^{n-2}$

⋮

第 n 年末的收益没有利息，其复利本利和仍为 A，则 n 年末的总金额 F 为

$$F = A(1+i)^{n-1} + A(1+i)^{n-2} + \cdots + A$$

改写为

$$F = [1 + (1+i) + (1+i)^2 + \cdots + (1+i)^{n-1}]A \qquad (3-12)$$

左右两边各乘 $(1+i)$，得

$$F(1+i) = A[(1+i) + (1+i)^2 + \cdots + (1+i)^n] \qquad (3-13)$$

式（3-13）－式（3-12）得

$$iF = A[(1+i)^n - 1]$$

所以
$$A = \frac{i}{(1+i)^n - 1}F \tag{3-14}$$

其中，$\frac{i}{(1+i)^n-1}$称作赔偿基金因子。

式（3－14）也可用规格化符号写成如下形式：

$$A = F(A/F, i, n) \tag{3-15}$$

赔偿基金因子也可从附录中查算。

【例3－8】 某人希望在10年后得到一笔4000元的资金。在5%的年利率条件下，他每年应均匀地存款多少？

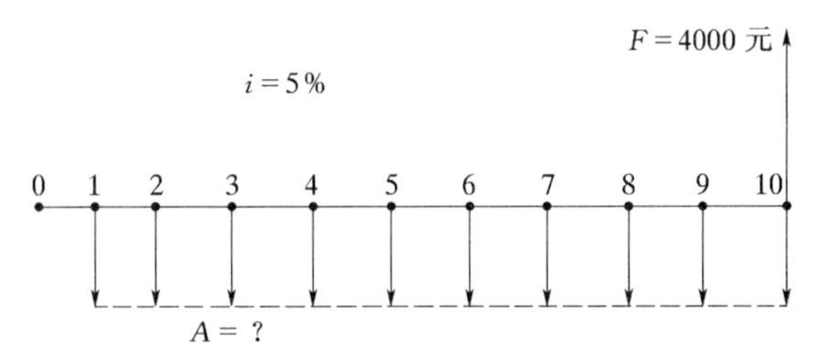

图3－8　偿债基金公式现金流量图

解　$F=4000$ 元，$i=5\%$，$n=10$，$A=?$ 现金流量图如图3－8所示。

查表得（A/F，5%，10）＝0.0795，则 $A=4000\times0.0795=318$ 元/年，即每年应存款318元。

如果把式（3－14）中的 F 代之以拟回收的总投资 K，则公式得形式为 $A=\frac{i}{(1+i)^n-1}K$，式中的 A 即为每年回收的投资值，经 n 年后刚好能偿还工程的总投资 K 值。此时的 A 即为考虑投资利息后的年折旧费，$\frac{i}{(1+i)^n-1}$ 亦即考虑时间价值后的折旧率。这就是利用偿还基金法的折旧计算，又称沉资折旧法。

2. 年金终值公式

也称零存整取本利和公式，即已知每年的等额付款 A 元，在年利率为 i，付款期为 n 年时，求此期内可累积的基金（本利和）可将式（3－14）加以变换，即得

$$F = A\frac{(1+i)^n - 1}{i} \tag{3-16}$$

或写成
$$F = A(F/A, i, n) \tag{3-17}$$

式中的 $\frac{(1+i)^n-1}{i}$ 或（F/A，i，n）称为年金终值因子（或称零存整取本利和因子）。

【例3－9】 某水利工程，在3年内每年均投资5万元，按年利率10%计，问3年以后累积的总投资（未来值）为多少？

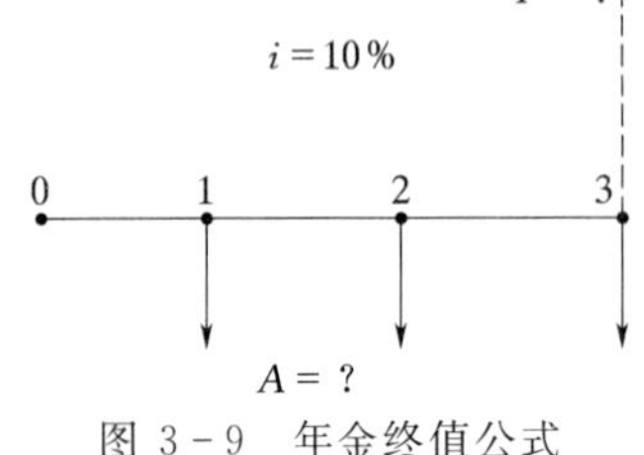

图3－9　年金终值公式现金流量图

解　其现金流量图如图3－9所示。

代入式（3－16），得

$$F = A\frac{(1+i)^n-1}{i} = 5\times\frac{(1+0.10)^3-1}{0.10}$$
$$= 5\times3.31 = 16.55(\text{万元})$$

也可查表年金终值因子，得（F/A，10%，3）＝3.31，所以

$$F=5(F/A, 10\%, 3)$$
$$=5\times 3.31=16.55(万元)$$

【例 3-10】　某银行等额零存整取业务，规定每月存款 26 元，若按月利率 0.5%计算，问 3 年后应取得金额为多少？

解　$A=26$ 元，$i=0.5\%$，$n=36$

则按式（3-17）计算得

$$F=A(F/A, i, n)=26(F/A, 0.5\%, 36)$$
$$=26\times 39.3288=1022.55(元)$$

3. 资金回收公式

若在年利率为 i 的条件下投资 P 元，则在 n 年内的每年年末可以等量地提取多少元（A），这样到 n 年末可将初期投资（P）及利息全部收回。这属于整存零取类复利公式，其现金流量图如图 3-10 所示。

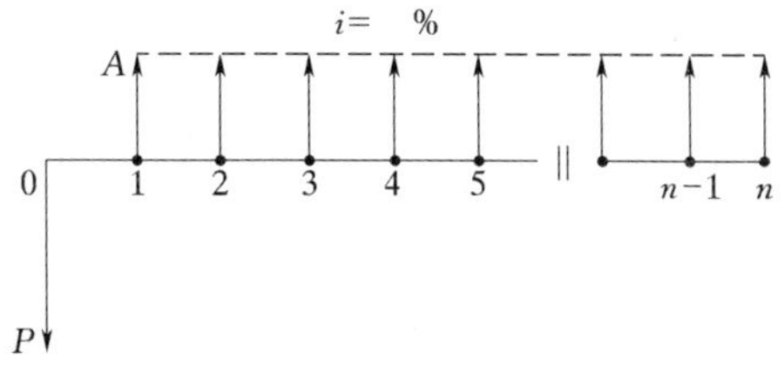

图 3-10　资金回收公式现金流量图

按式（3-14）有

$$A=\frac{i}{(1+i)^n-1}F$$

将公式（3-5）中的 F 折算为现值，代入上式得

$$A=\frac{i}{(1+i)^n-1}P(1+i)^n$$

即
$$A=\frac{i(1+i)^n}{(1+i)^n-1}P \tag{3-18}$$

或写成
$$A=P(A/P, i, n) \tag{3-19}$$

上式中的$\frac{i\ (1+i)^n}{(1+i)^n-1}$或（$A/P$，$i$，$n$）称为资金回收因子，或称等额零取因子。

如果把式（3-18）中的 P 以工程投资 K 代换之，则式（3-18）可写成

$$A=\frac{i(1+i)^n}{(1+i)^n-1}K \tag{3-20}$$

由此得出的 A 值即为该工程在使用期（n 年）内，每年应支付投资的利息与应摊还的本金之和。于是 $\frac{i(1+i)^n}{(1+i)^n-1}$ 称为本利摊还因子或称基金回收因子。实际上，这个因子是把偿还基金因子和利息合并计算，这可以从下列关系看出：

$$\frac{i}{(1+i)^n-1}+i=\frac{i(1+i)^n}{(1+i)^n-1}$$

所以式（3-20）也可用来计算折旧费，其结果比用直线折旧法计算的要大。

【例 3-11】　仍用第二章中直线折旧法的算例，即 $K=50000$ 元，$n=5$ 年，残值 $S=10000$ 元，用资金回收法进行折旧计算（年利率 6%）。

解　根据式（3-20）：

$$A=\frac{i(1+i)^n}{(1+i)^n-1}(K-S)$$

查附录资金回收因子，得

$(A/P, 6\%, 5) = 0.2374$，所以

$$A = (A/P, 6\%, 5)40000 = 0.2374 \times 40000 = 9496(\text{元})$$

即年折旧费为 9496 元，比用直线折旧法计算的大（直线折旧法计算的年折旧费为 8000 元）。

4. 年金的现值公式

当利率为 i 时，在今后的 n 年内每年年末回收资金 A 元，求其资金总额的现值为多少？

若将式（3－18）进行变换则得

$$P = A\frac{(1+i)^n - 1}{i(1+i)^n} \tag{3-21}$$

也可写成如下形式

$$P = A(P/A, i, n) \tag{3-22}$$

式中 $\frac{(1+i)^n - 1}{i(1+i)^n}$ 或 $(P/A, i, n)$ 称为年金现值因子，或称等额支付现值因子。计算时可从附录的复利表中查得。

在水利工程经济分析中，常以多年平均效益（或年费用）作为经济指标，因此，要求这一系列年效益（或年费用）的等价现值时，就可应用这一公式。

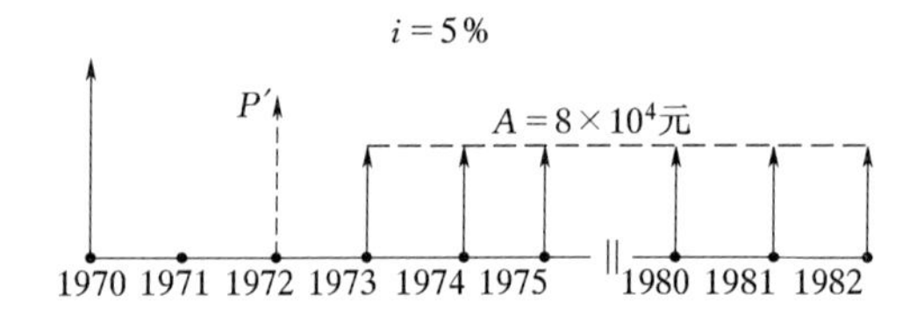

图 3－11 某灌溉工程投资和效益现金流量图

【例 3－12】 某灌溉工程，1970 年底开始兴建，1972 年底完工投产，1973 年受益，连续运用至 1982 年（见图 3－11）。这 10 年内的多年平均灌溉效益为 8 万元，$i=5\%$，问将全部效益折算至 1970 年末的现值为多少？

解 先根据式（3－21）计算等额支付的现值 P'：

$$P' = A(P/A, i, n) = 8(P/A, 5\%, 10)$$
$$= 8 \times 7.722 = 61.78(\text{万元})$$

然后再根据式（3－11），将 P' 值折算至 1970 年的现值 P：

$$P = P'(P/F, i, n) = 61.78(P/F, 5\%, 2)$$
$$= 61.78 \times 0.9070 = 56.03(\text{万元})$$

根据前述两节讨论的公式，可以归纳出以下要点：

（1）式（3－8）、式（3－10）、式（3－19）、式（3－21）等是动态经济分析中的准基本公式。

（2）这几个公式中有五个参数，即 P、F、A、n、i。在每个公式中总要出现四个，而其中三个一般为已知。

（3）公式（或计算表）都是假定在年末进行支付而算得的。

（4）式（3－8）～式（3－10），式（3－19）～式（3－21），都是互为倒数关系，各公式的功能符号也可以相互运算，如：

$$(P/F, i, n)=\frac{1}{(F/P, i, n)} \tag{3-23}$$

$$(A/F, i, n)=\frac{1}{(F/A, i, n)} \tag{3-24}$$

$$(A/P, i, n)=\frac{1}{(P/A, i, n)} \tag{3-25}$$

$$(F/P, i, n)(P/A, i, n)=(F/A, i, n) \tag{3-26}$$

$$(F/A, i, n)(A/P, i, n)=(F/P, i, n) \tag{3-27}$$

$$(A/F, i, n)+i=(A/P, i, n)$$

（5）在应用以上公式时应注意的问题：

应用年金终值公式式（3-22），即 $F=A$（F/A，i，n）所计算出来的未来值 F 一定发生在与最后一次支付款额的同一年，如图 3-12 所示。

应用年金现值公式式（3-21），即 $P=A$（P/A，i，n）计算现值时，所求的现值永远是位于第一个 A 年值的前一年，如图 3-13 所示，P 是位于第三年而不是第四年。因现值因子所计算的现值是位于 0 年（见图 3-13）。

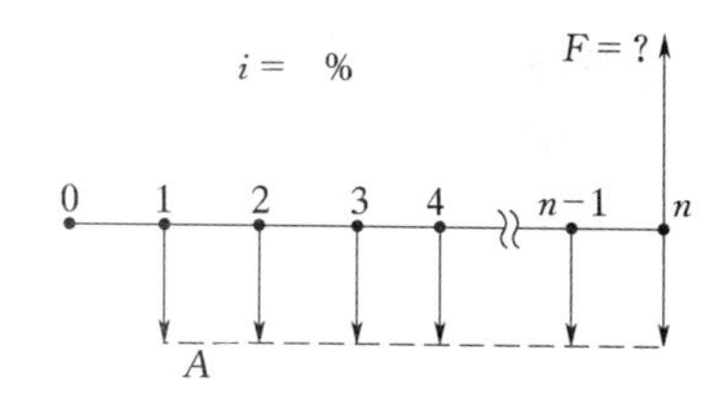

图 3-12　年金终值公式现金流量图

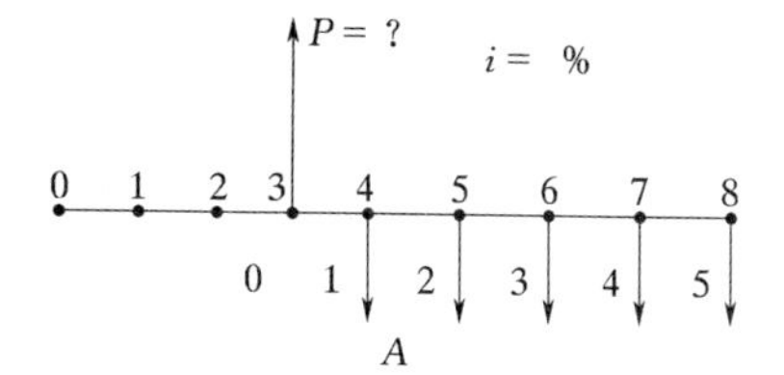

图 3-13　年金现值公式现金流量图

必须记住，在利用（P/A，i，n）或（F/A，i，n）计算时，年数 n 一定等于支付次数，所以通常将现金流量图重新标示年次（见图 3-13），以免发生错误。

三、定差变额公式

上面讨论的经济计算的基本公式是属于一次支付、无规则的一个系列的支付、或均匀系列的支付。但在实际工程的经济分析中，有时会出现有规则的收支系列情况。如某个工程的年费用支出或是年效益收入是成逐年等额的递减或递增，这是可能出现的情况。例如预测某大型机电排灌站，从开始到报废为止，由于管理水平的逐年提高，技术的不断更新，其年管理费用可能逐年递减 1000 元，这样就形成一个递减定差（1000 元）变额费用系列。又如某水力发电工程，随着发电机组的逐年安装，数量逐年增加，其发电效益也相应的逐年增加，如每年增加 2 万元，则就形成一个递增的定差（2 万元）变额收益系列。

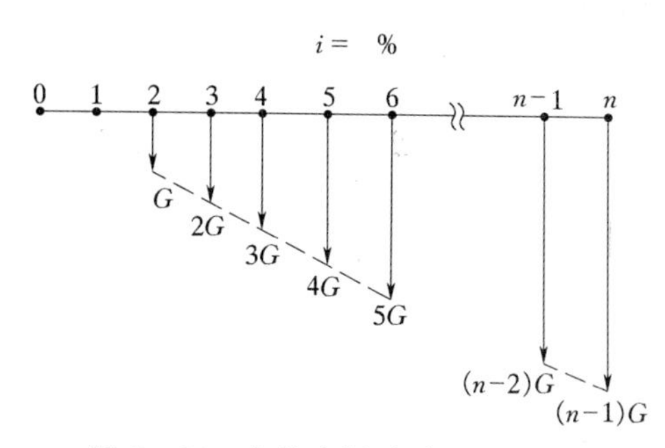

图 3-14　定差变额系列现金流量图

假定定差变额系列的级差为 G，从第 1 年到第 n 年期间，如在第 1 年的年末支付额为 0，第 2 年年末为 G，第 3 年年末为 $2G$，……，在第（$n-1$）年年末的支付额为（$n-2$）G，则最后第 n 年年末为（$n-1$）G。其现金流量图如图 3-14 所示。

下面分别推导定差变额系列的几个公式。

1. 已知 G，求现值 P

根据图 3-14，定差为 G 的变额系列的现值为

$$P=G\frac{1}{(1+i)^2}+2G\frac{1}{(1+i)^3}+\cdots+(n-2)G\frac{1}{(1+i)^{n-1}}+(n-1)G\frac{1}{(1+i)^n}$$

$$=G\left[\frac{1}{(1+i)^2}+\frac{2}{(1+i)^3}+\cdots+\frac{n-2}{(1+i)^{n-1}}+\frac{n-1}{(1+i)^n}\right] \tag{α}$$

两边乘以 $(1+i)$ 得

$$P(1+i)=G\left[\frac{1}{(1+i)}+\frac{2}{(1+i)^2}+\cdots+\frac{n-2}{(1+i)^{n-2}}+\frac{n-1}{(1+i)^{n-1}}\right] \tag{β}$$

式 (β) 减式 (α) 得

$$P(1+i)-P=G\left[\frac{1}{(1+i)}+\frac{2-1}{(1+i)^2}+\cdots+\frac{(n-1)-(n-2)}{(1+i)^{n-1}}-\frac{n-1}{(1+i)^n}\right]$$

化简得

$$P=\frac{G}{i}\left[\frac{1}{(1+i)}+\frac{1}{(1+i)^2}+\frac{1}{(1+i)^3}+\cdots+\frac{1}{(1+i)^n}\right]-\frac{Gn}{i(1+i)^n}$$

$$=\frac{G}{i}\frac{(1+i)^n-1}{i(1+i)^n}-\frac{Gn}{i(1+i)^n}$$

$$=\frac{G}{i}\left[\frac{(1+i)^n-1}{i(1+i)^n}-\frac{n}{(1+i)^n}\right]$$

即

$$P=\frac{G}{i}[(P/A,\ i,\ n)-n(P/F,\ i,\ n)] \tag{3-28}$$

或

$$P=G(P/G,\ i,\ n) \tag{3-29}$$

2. 已知 G，求 A（换算为等额年金）

根据等额资金回收公式

$$A=P(A/P,\ i,\ n)$$

将 $P=G\ (P/G,\ i,\ n)$ 代入上述等额资金回收公式，则

$$A=G(P/G,\ i,\ n)(A/P,\ i,\ n)=\frac{G}{i}\left[\frac{(1+i)^n-1}{i(1+i)^n}-\frac{n}{(1+i)^n}\right]\frac{i(1+i)^n}{(1+i)^n-1}$$

$$=G\left[\frac{1}{i}-\frac{n}{(1+i)^n-1}\right]=G\left[\frac{1}{i}-\frac{n}{i}\frac{i}{(1+i)^n-1}\right]$$

即

$$A=G\left[\frac{1}{i}-\frac{n}{i}(A/F,\ i,\ n)\right] \tag{3-30}$$

或

$$A=G(A/G,\ i,\ n) \tag{3-31}$$

3. 已知 G，求未来值 F

根据等额支付复本利和公式

$$F=A(F/A,\ i,\ n)$$

将式 (3-31) 代入公式，得

$$F=G(A/G,\ i,\ n)(F/A,\ i,\ n)=G\left[\frac{1}{i}-\frac{n}{i}\frac{n}{(1+i)^n-1}\right]\frac{(1+i)^n-1}{i}$$

$$=\frac{G}{i}\left[\frac{(1+i)^{n}-1}{i}-n\right]$$

即
$$F=\frac{G}{i}[(F/A,\ i,\ n)-n] \tag{3-32}$$

或
$$F=(F/G,\ i,\ n) \tag{3-33}$$

按式（3－32）可借助普通复利表计算，按式（3－33）则可查专用表计算。

【例 3－13】　某人已在银行账户内存入 500 元，预计在今后 9 年之内，每年的存款额将逐年增加 100 元，若年利率是 5%，问该项储蓄的现值为多少？

解　在此数列中应首先计算基础金额（500 元）的现值（P_A）；其次计算定差的现值（P_G），两者相加即为所求储蓄总额的现值（P_T）。P_A 与 P_G 的基准年都是 0 年。

所以
$$\begin{aligned}P_T=P_A+P_G&=500(P/A,\ 5\%,\ 10)+100(P/G,\ 5\%,\ 10)\\&=500\times7.722+100\times31.649\\&=7026(\text{元})\end{aligned}$$

必须指出，上述计算公式中的定差因数仅代表定差的现值，如有其他任何现金包括在内时，则必须单独进行核算。

【例 3－14】　试计算如图 3－15（*a*）中递减定差数列之现值，$i=7\%$。

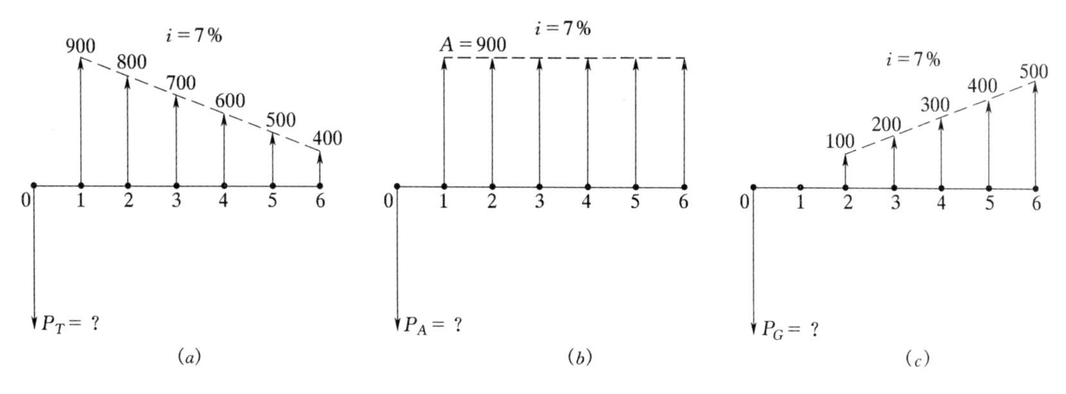

图 3－15　现金流量图

解　为了更明了起见，可分解成两个现金流量图 3－15（*b*）和图 3－15（*c*）

$$P_T=P_A-P_G$$

$$\begin{aligned}P_T&=900(P/A,\ 6\%,\ 6)-100(G/P,\ 7\%,\ 6)\\&=900\times4.7665-100\times10.978=3192(\text{元})\end{aligned}$$

【例 3－15】　图 3－16 为定差变额系列现金流量图，其中 $G=200$ 元，当 $i=10\%$时，求其未来值 F。

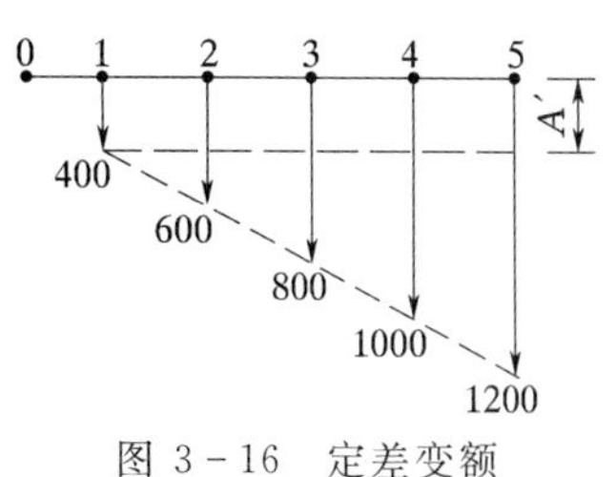

图 3－16　定差变额系列现金流量表

解　首先根据式（3－32），求定差 G 的未来值：

$$\begin{aligned}F_G&=\frac{G}{i}[(F/A,\ i,\ n)-n]\\&=\frac{200}{0.1}[(F/A,\ 10\%,\ 5)-5]\\&=2000\times(6.105-5)=2210(\text{元})\end{aligned}$$

再求基值 $A'=400$ 元的未来值：

$$\begin{aligned}F_{A'}&=A'(F/A,\ i,\ n)\\&=400(F/A,\ 10\%,\ 5)\\&=400\times 6.105=2442(\text{元})\end{aligned}$$

所以，整个定差变额系列的未来值

$$F=F_G+F_A=2210+2442=4652(\text{元})$$

【例 3-16】 仍据上述现金流量图（图 3-16），求其等价的年金值 A。

解 根据式（3-30），先求定差 G 系列的年金：

$$\begin{aligned}A_G&=G\left[\frac{1}{i}-\frac{n}{i}(A/F,\ i,\ n)\right]\\&=200\left[\frac{1}{0.1}-\frac{5}{0.1}(A/F,\ 10\%,\ 5)\right]\\&=200(10-50\times 0.1638)\\&=200\times 1.81=362(\text{元})\end{aligned}$$

$$A'=400(\text{元})$$

所以，整个定差变额系列的等价年金 $A=A_G+A'=362+400=762$（元）。

第四章　水利工程建设和运行方案

任何工程项目只有在技术上和经济上均可行时，才能实现。技术上的可行性属于专业知识和技术问题的研究范围。经济上的可行性，则视拟建工程项目在一定时期内的经济效益大小如何，需要进行经济分析。

所谓经济分析，一般来说就是指对某一件事的代价及所得进行探讨，看其究竟经济不经济。对于某一水利工程而言，也就是分析其投资和效益，在经济上是否可行。对于具有同一目标的多种工程方案，则是分析、比较各个方案，何者相对的最经济和优先可取。因此，经济分析实质上是对各种可能采取的现实方案进行分析、计算和比较，以便选择具有最佳投资效益的方案。

必须指出，在进行不同方案的经济分析时，首先应注意的是：

第一，收集各种有关资料。如工程的投资、年费用和效益，预估各类工程的有效使用年限，固定资产的残值，分析资金可能来源及其利润等。这些资料有的可以查阅工程原始设计书以及实际支出情况，有的则可根据管理部门提供的资料进行分析、估算。

第二，应该分清两类不同性质的方案：一类是独立方案，另一类是互斥方案。所谓独立方案是指各方案之间没有任何的联系。如某单位拟购买一台拖拉机，修建一个小水电站，还要更新一套喷灌设备。这三项投资之间没有什么联系，只要该单位有足够的资金，同一时间可以兴办这三件事，在它们之间并无选择的可能性。所谓互斥方案，是指同一性质的几个投资方案，如果选择其中之一（效益最大的），则其他方案就受排斥。如在某河流上修建一座水库，有土坝、混凝土坝、堆石坝等几种方案可供选择。如果选择了土坝方案，其他方案就被排斥。总之，独立方案之间不存在选择的可能性，他只能与“什么也不做”的方案（即0方案）之间进行选择。如上面所说，是买拖拉机还是不买拖拉机之间的选择。我们通常所谓的方案比较，一般是指互斥方案之间的比较、选择。

第三，在工程经济分析中，各个比较方案中的各项因素都要转化为同一的货币单位，以货币作为计量和比较的标准。对各方案中的大多数因素来说都是可以转换成货币来表示的，也有一些因素是难以用货币表示的，而它对方案的选择又起着一定的作用，这就需要另行分析。本章仅限于讨论可以转化为货币以供比较的各项因素之间的经济分析。

第四，本章讨论的仅仅是方案经济比较的一些最基本的方法，只是从经济与否这一个方面来考虑问题，没有涉及到最后选定最优方案时所必须考虑的其他条件，例如工程的可靠性、先进性等。特别是大型水利工程，涉及的面广，有关的因素复杂，往往不是凭经济性一个方面就能够作出决策的。正如第一章结论中曾经指出的那样，至少应从七个方面来进行综合评价，而且要进行大量科学论证。如上海宝钢原计划从远离 27km 的淀山湖引水的方案，不仅工程投资大，运行费用高，消耗电能多，而且还有与上海市人民争饮用水的问题。后来经过各方面专家的广泛论证，探索宝钢引水工程的最佳方案，总共提出了三种类型十二个方案。最后选定从长江（筑库）引水方案，节约工程投资 5000 多万元，每年节电 2500 万 kW·h，还可让出淀山湖好水供上海人民饮用。由此可见，比较选择工程投资方案的意义很大，涉及的因素也很多，要进行大量的技术经济论证工作。

关于工程方案经济比较和择优的方法，大体上可分为两大类：一类是静态分析比较方法；另一类是动态分析比较方法。随着商品生产和科学技术的发展，货币资金的时间价值普遍得到重视，这两类方法也不能截然加以区分，它们也是可以相互渗透和转化的。为了便于学习，下面将仍按静态和动态两类方法分别予以讨论，并扼要说明这两类方法相互之间的联系。

第一节 静态评价方法

在评价工程项目投资的经济效果时，不考虑资金的时间因素，则称为静态评价。静态评价的计算方法比较简单，因而常用于投资方案的初选阶段，如用于可行性研究中的机会研究和初步可行性研究阶段。静态评价主要包括投资回收期、投资效益系数等方法。

一、投资回收期

所谓投资回收期，通常是指项目投产后，以每年取得的净收益将初始投资全部回收所需的时间。一般从投产时算起，以年为计算单位。计算通式为

$$\sum_{i=1}^{T^*}(B_i - C_i) = K_0$$

式中 T^*——计算确定的投资回收期，年；

K_0——初始投资，指项目投产前的总投资；

B_i——第 i 年的销售收入；

C_i——第 i 年的经营费用；

$(B_i - C_i)$——第 i 年的净收益。

如果项目投产后每年的净收益相等，记为（$B-C$），则投资回收期可用下式计算：

$$T^* = \frac{K_0}{B-C}$$

投资回收期能够反映初始投资得到补偿的速度。用投资回收期评价方案时，只有把技术方案的投资回收期（T^*）同国家（或部门）规定的标准投资回收期（T_A）相互比较，方能确定方案的取舍。如果 $T^* \leqslant T_A$，则认为该方案是可取的；如果 $T^* > T_A$，则认为方案不可取。在评价多方案时，一般把投资回收期最短的方案作为最优方案。

用投资回收期来取舍方案，实际上是以投资支出的回收快慢作为决策依据。从缩短资金占用周期，发挥资金的最大效益，加速扩大再生产的角度来说，在评价方案时采用投资回收期标准是必要的。

【例 4-1】 有三个水泵灌溉工程方案，它们的投资、年经营费用及年生产总收入分别列于表 4-1 中。

表 4-1 三个方案的数据及投资回收期计算结果比较

方案	年份	投资（元）	经营费用（元）	生产总收入（元）	净收益（元）	投资回收期	优劣等级
1	0	30000				2.0	1
	1		5000	20000	15000		
	2		5000	20000	15000		
	3						
	总计				30000		
2	0	30000				2.0	1
	1		5000	20000	15000		
	2		5000	20000	15000		
	3		5000	10000	5000		
	总计				35000		
3	0	30000				2.5	2
	1		5000	10000	5000		
	2		5000	25000	20000		
	3		5000	15000	10000		
	总计				35000		

由表 4-1 可见，项目 1、2 的投资回收期均为 2 年，都优于项目 3。然而，以投资回收期作为评价标准有两大缺点：第一它没有考虑各方案投资回收以后的收益状况。例如项目 1 和 2 的投资回收期虽然都是 2 年，似乎二者的优劣等级是一样的，但是项目 2 在第三年将继续产生收益，而项目 1 则不然。所以投资回收期并不是一个理想的评价标准，就是说它不能准确反映出方案的优劣程度；实际上，项目 2 优于项目 1。第二，它没有考虑收益在时间分布上的差异，即没有考虑资金的时间价值。假设项目 2、3 的投资都是 35000 元，则这两个项目的投资回收期都是 3 年，似乎二者的优劣程度也是一样的，但实际上项目 2 优于项目 3，因为项目 2 可以得到较多的早期收益，也就是说项目 2 的投资效益更佳。

二、投资效果系数

投资效果系数（或称投资利润率）是工程项目投产后，每年获得的净利润与总投资之比。投资效果系数 E，可用下式表示：

$$E=\frac{I_A}{K_0}=\frac{B-C-A_D}{K_0}$$

式中 I_A——年净利润额；

A_D——年折旧额。

但是这里实际隐含着一个假设，即认为项目投产后每年的净利润相等。

用投资效果系数评价方案，也只有将实际的方案的投资效果系数同标准投资效果系数 E_A 相互比较，方能确定取舍及方案的优劣。

【例 4-2】 建设某工厂，估算投资总额为 4 亿元，若预计该厂年销售收入为 2 亿元，年生产总成本（经营费用加折旧额）为1亿元，求该厂的投资效果系数。

解
$$E=\frac{2-1}{4}=0.25$$

这个$E=0.25$还不能马上确定该方案是优还是劣，要确定方案的优劣，还必须借助于国家或部门规定的标准投资效果系数。

制定合理的标准投资效果系数，是个既重要又很难的经济界限的定量问题，说其重要，是因为它直接影响方案的合理评价。说其很难，是因为国民经济各部门、各地区的具体经济条件千差万别，不可能在一切场合下都采用全国统一的标准，否则就会影响方案选择的总体最优性。因此，有必要按部门的特点来规定不同标准。在制定部门统一的标准投资效果系数时一般应考虑以下几个方面：①各部门在国民经济发展中的作用；②各部门技术构成因素和价格因素的影响；③该部门过去的投资效果水平；④整个国民经济今后一段时间内投资的可能性等。同时，要注意对所制定的标准予以适时修订。

上述两种静态评价方法，虽然都比较简单、直观，但都存在以下缺点：①未考虑各方案经济寿命的差异；②未考虑各方案经济寿命期内费用、收益的变化；③未考虑方案经济寿命终了时的残值；④特别是未考虑资金的时间价值。

第二节 动态分析方法

上面已经指出，静态分析与动态分析方法的根本区别，主要是前者没有考虑货币资金的时间价值，而后者考虑了资金的时间价值。因此，在用动态分析方法进行不同方案的经济比较时，不论工程开工的时间是否相同，各个方案的投资、费用和效益都应按选定的基准年（点）进行时间价值的折算。根据《水利经济计算规范》（以下简称《规范》）的规定，为统一起见，一般可取工程开始受益的年份作为基准年，也可以取工程开工的年份作为基准年，并以年初作为基准点。如图4－1所示，某工程施工期为3年，第4年开始运行受益，则基准年可以取为第1年年初，也可以取为第4年的年初。《规范》中并规定，折算时，各年的工程投资均按每年的年初一次投入，各年的运行费和效益均按每年的年末一次结算。如图4-1示例中的第1年投资K_1是投资在第1年的年初，而不是年末；第4年开始受益，其效益B_1是在第4年的年末结算。必须注意，我们在前面的现金流量图中曾经指出，在动态计算的基本公式中，资金的收、付都是假定发生在年末而不是发生在年初。现在《规范》中规定投资均按每年的年初投入，这是考虑实际情况而决定的，因此，在以下应用动态计算公式进行方案比较时应该注意到这一点。

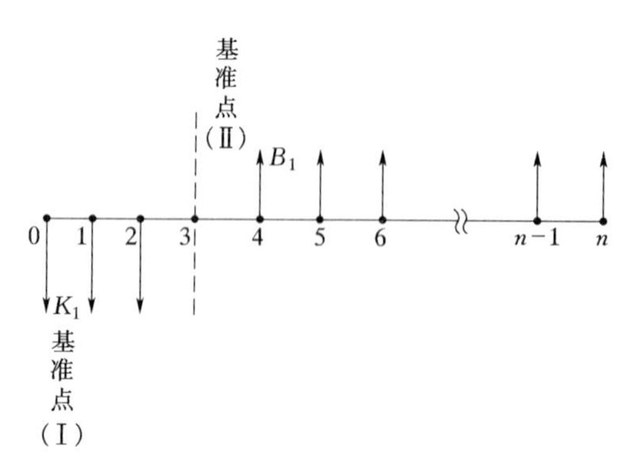

图4-1 基准点选择示意图

其次，还必须再一次重复，我们在前面已经提到在供人们决策或选择的方案中，总的来说可分两大类，其中，一类是独立方案，其方案之间是无任何联系的，它们的投资不同，效益和功能不同，使用的期限也不相同。例如，某人想购买一台彩色电视机、一台电冰箱、一台收录机。这三件投资活动是毫不相关的，只要有足够的资金，就可以同时购买。如资金不足，也可以一件件地购买，根据他的资金情况和实际需要来选择、决定。所以这三个是独立方案，它们之间不存在经济分析和比较的问题。如果要比较，只是各方案与“什么也不做”的“0”方案进行比较。即买彩电还是不买彩电，买电冰箱还是不买电冰箱之间的比较。如果要进行经济效益计算，也只能表现该方案本身的经济效益。由于各方案的功能、效益、使用寿命都不同，彼此之间不能以经济效益来比较，更谈不上作为选择和决策的依据。另一类是互相排斥的方案，这是指各个方案的性质是相同的，投资者只能选择其中一个，而必须排斥其他的几个。例如，某单位欲购置一批公用电冰箱，一种是进口货，另一种是国内产品，其价格、电耗、使用寿命都不一样，以选择何者为宜，这就是一对互斥的方案，需要进行经济分析比较来决策。

下面我们要讲的方案比较主要指的是在互斥方案之间的选择和决策。如果是对独立方案的经济效益计算，则都加以说明。我们切记不要把两类不同性质的方案混淆在一起讨论，或者在独立方案之间进行经济分析比较，否则将会造成错误。

采用动态分析法进行方案的经济比较，主要有净现值法、等值年金法、效益费用比法和内部回收率法四种，现分述于下。

一、净现值法（Net Present Worth Method）

现值法是现代计息计算中最基本，也是应用最广泛的一种经济分析方法。

现值法是根据工程所预期的投资效益选定一个目标收益率，计算在分析期内各年发生的现金流入（＋）及现金流出（－）的现值总和，即以净现值（NPV）或 P_0 表示。如果流入大于流出，NPV（或 P_0）为“正”号，则投资不但能获得预期的投资效益，而且还能得到正值差额的现值利益；如果流出大于流入，NPV（或 P_0）为“负”号，则投资达不到预期效益，而且出现负值差额，工程方案不可取，如用公式来表示，即：

净现值总和＝各年净效益的现值总和－投资额的现值

＝(各年毛净效益的现值总和－各年运行费的现值总和)－投资额的现值

如绘成现金流量图，取工程开工的年份为基准年，则如图 4-2 所示。

根据图 4-2，将各年的投资、费用和效益都折算成现值，则净现值的一般形式表达为

$$NPV = P_0 = \sum_{t=1}^{n} \frac{B_t - C_t}{(1+i)^t} - \sum_{t=0}^{m} \frac{K_t}{(1+i)^t}$$

式中　NPV——净现值总和；

B_t、C_t——第 t 年的毛效益和年运行费；

K_t——第 t 年的投资额；

n——工程方案的分析期；

m——工程的施工（或投资）年限；

i——目标收益率。

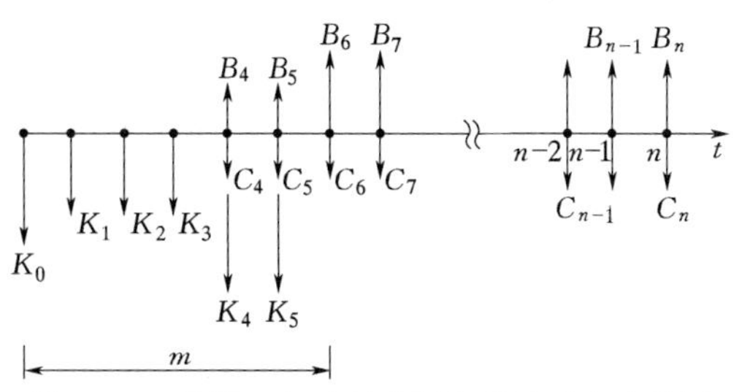

图 4-2　投资、年运行费用和效益现金流量图

上面已经指出，如 NPV 为正号时，表示该方案有一定的经济效益。在进行不同方案比较时，则 NPV 最大的方案经济上也是最有利的。

若各比较方案的效益基本相等，则总费用现值最小的方案是经济上是有利的方案。则公式可改写成

$$NPV = P_0 = \sum_{t=1}^{n} \frac{C_t}{(1+i)^t} + \sum_{t=0}^{m} \frac{K_t}{(1+i)^t} = 最小$$

若各比较方案的总费用基本相等，则毛效益现值最大的方案经济上最有利。此时公式可改写成

$$NPV = P_0 = \sum_{t=1}^{n} \frac{B_t}{(1+i)^t} = 最大$$

应用净现值法时，必须遵循以下几条原则：

(1) 方案中所有货币资金都要折算到同一基准年。上述的公式都是取开工的年份为基准年。如果取工程开始受益的年份为基准年，则公式都略有变化。但无论采用哪种基准年，方案比较的结论是一致的。

(2) 所有的现值计算都要采用相同的基准贴现率（或称资金报酬率、目标收益率），其符号 i 与利率相同。但基准贴现率是由投资决策部门确定的，这与银行中的利率是有差别的。在进行多方案比较时，如果决策部门把基准贴现率定得太高，则有可能会使有些经济效益尚好的方案被淘汰；如果定得太低，则可能会选择过多的方案，其中有的方案的效益并不显著。因此，投资决策部门往往是预先计算出一个最低可接受的贴现率，称之为最小吸引力的收益率（Minimum Attractive Rate of Return），简写为 MARR。如果按照这个基准贴现率计算出某投资方案的净现值为负值时，则认为投资达不到预期的经济效益，投资不该用在这一方案上。在一般情况下，基准贴现率应大于银行贷款利率，否则就无利可图，不值得投资，因为投资都带有一定的风险性和不确定性。

根据国外经验，目标收益率应高于贷款利率的 5%为宜。如利率 $I=8\%$，则 MARR 至少应为 13%。发展中国家一般采用 MARR=12%，发达国家 MARR=15%。我国《规范》中指出，参照目前我国的资金报酬率和各部门的不同情况，水力发电、城镇供水工程暂用 8%～10%，其他水利工程暂采用 6%～7%。

(3) 所有现值都要按照同一的分析期折算。如各方案的工程寿命不等，则必须换算成相同的分析期才能进行比较和计算。如果分析期小于工程寿命，则应计算工程残余价值；如果分析期大于工程寿命，则应考虑更新费用。

【例 4-3】 某水利综合经营公司拟选购一台面粉加工机（或称磨粉机），有 A、B 两个型号。A 型号的价格为 9000 元，使用期 3 年，每年可获利 4500 元；B 型价格为 14455 元，使用期 3 年，前 2 年每年可获利 6000 元，最后一年 8000 元，流量图如图 4-3 所示，基准贴现率为 8%，问选购何种形式为宜？

解 A 型的现值 $= -9000 + 4500(P/A, 8\%, 3)$

$= -9000 + 4500 \times 2.577 = 2596.5$(元)

B 型的现值 $= -14455 + 6000(P/A, 8\%, 2) + 8000(P/F, 8\%, 3)$

$= -14455 + 6000 \times 1.7832 + 8000 \times 0.7938 = 2594.6$(元)

选购 A、B 两种型号的磨粉机都可以满足最低吸引力的收益率 8%，因为他们现值都是正数。但在这种情况下，两者的现值基本相等。这就要考虑磨粉机的价格差额，显然选购 A 型磨粉机其初始投资可以少 5455 元，是较为有利的方案。

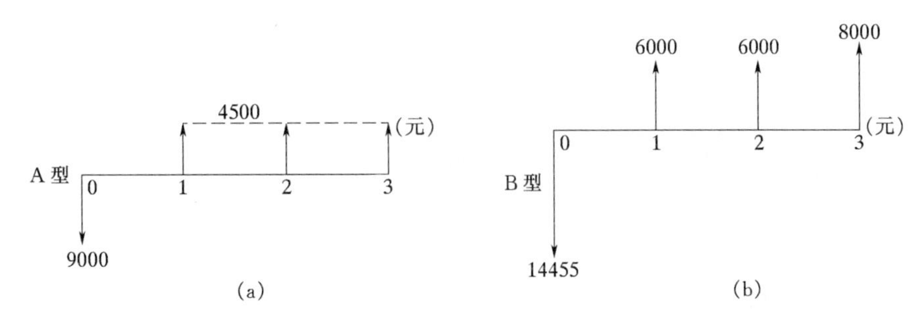

图 4-3　投资、效益现金流量图

【例 4-4】　修建一个灌溉工程，有两个方案可供比较。一是喷灌方案，投资 120 万元，年运行费 3 万元，年平均效益 20 万元，工程有效期 30 年；二是提灌自流方案，投资 90 万元，年运行费 1.2 万元，年平均毛效益 15 万元，工程有效期 50 年。采用同一的资金报酬率 8%。两个方案都是当年投资当年就开始收益，试用净现值法比较两个方案的经济效益。

解　由于两个方案都是当年投资、当年收益，所以基准年选在投产年初或开工年初，其计算公式是一致的。两种方案的现金流量图如图 4-4 所示。

喷灌方案：

$$NPV = \sum_{i=1}^{n} \frac{B_i - C_i}{(1+i)^i} - K$$

即　　$$NPV = 17(P/A,\ 8\%,\ 30) - 120 = 71.386(万元)$$

提灌自流方案：

$$NPV = \sum_{i=1}^{n} \frac{B_i - C_i}{(1+i)^i} + \frac{S}{(1+i)^i} - K$$

（S 为残值，按直线折旧计算，$S=\frac{90\times 20}{50}=36$ 万元）

即
$$\begin{aligned} NPV &= 13.8(p/A,\ 8\%,\ 30) + 36(P/F,\ 8\%,\ 30) - 90 \\ &= 13.8\times 11.258 + 36\times 0.0994 - 90 \\ &= 155.36 + 3.58 - 90 = 68.938(万元) \end{aligned}$$

计算结果表明，喷灌方案的净现值总和较提灌自流方案的大，因此，认为喷灌方案较优。

需要说明的是，上述两个方案的有效使用期不同，喷灌方案为 30 年，提灌自流方案为 50 年，为了进行比较，两个方案都采用相同分析期 30 年，因此，提灌自流设备按 30 年折旧，30 年以后作残值考虑，由直线折旧法算得残值 $S=36$ 万元，这可由现金流量图 4-4 中看出。但必须指出 30 年后的残值也必须折算到现值才能计算。

从这一算例中可以看出，当两个比较方案的使用寿命不相等时，可以取较短寿命期作为分析期，对大于分析期年限的固定资产则按折旧计算残值，作为回收的资金。这是一种

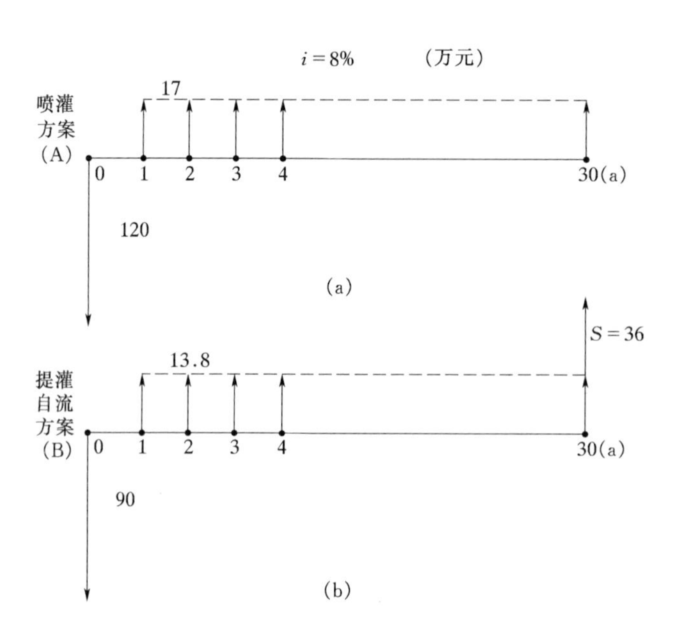

图 4-4 灌溉工程两种方案的现金流量图

常用的方法。

另外，也可以用延长某一方案的使用寿命，使其与另一方案的使用寿命相等，如方案 A 的使用寿命为 4 年，方案 B 的使用寿命为 2 年，则可将方案 B 的寿命延长到 4 年，与 A 方案的使用寿命相等，作为两个方案等同比较的分析期。由于方案 B 的实际寿命只有 2 年，如果要延长到 4 年，则必须重新投资一次。如果 A、B 两方案的使用年限不是公倍数，则两方案的使用寿命都应延长到两者的最小公倍数作为比较的分析期。同理，各方案的实际寿命结束后，都应重新投资。如果当使用期结束时尚有残值，则应将残值计算在内，这样，才能进行两方案之间的等同比较。

【例 4-5】 市场上有 A、B 两种不同型号的小型发电机，其价格和年运行费等见表 4-2，某灌区管理单位拟购买其一，试用净现值法比较选择（基准贴现率 $i=10\%$）。

表 4-2　　价格和年运行费用表

发电机	价格（元）	年运行费（元）	残值（元）	寿命（年）
A 型	12000	2400	2000	8
B 型	19000	2000	2500	12

解　从上例中看出，两种发电机的使用寿命不同。由于用净现值法比较必须采用相同的分析期，因此采用两者的最小公倍数，即 24 年。每种发电机当其使用寿命结束时再进行投资，重新购买一台新机器。计算时并应考虑旧机器的残值。两种方案的现金流量图如图 4-5 所示。

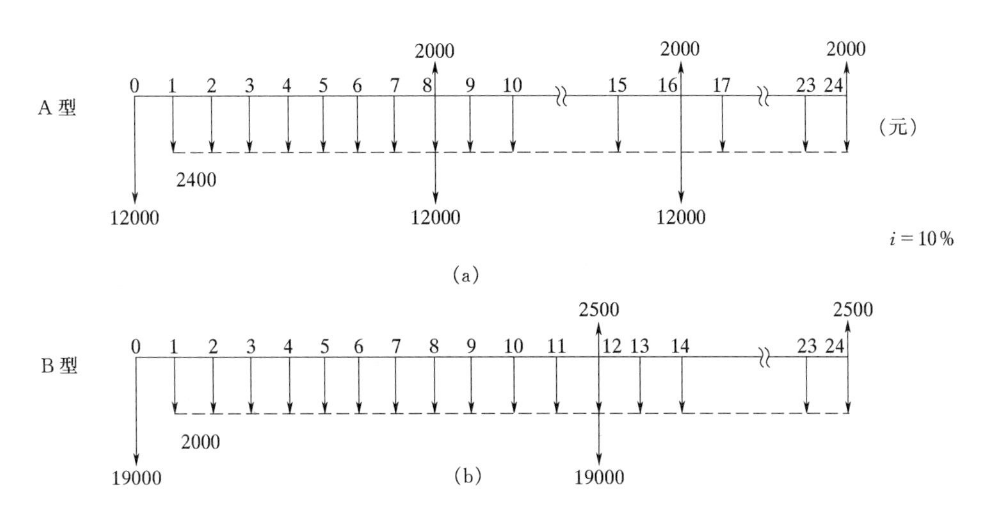

图 4-5　两种型号发电机的现金流量图

本例可以应用公式求总费用现值最小的方案为最优。

A 型发电机的总费用现值：

$$
\begin{aligned}
NPV &= 12000 + 2400(P/A，10\%，24) \\
&\quad + 10000(P/F，10\%，8) + \\
&\quad 10000(P/F，10\%，16) - 2000(P/F，10\%，24) \\
&= 12000 + 2400 \times 8.9847 + 10000 \times 0.4665 \\
&\quad + 10000 \times 0.2176 - 2000 \times 0.1015 \\
&= 40201.28(元)
\end{aligned}
$$

B 型发电机的总费用现值：

$$
\begin{aligned}
NPV &= 19000 + 16500(P/F，10\%，12) \\
&\quad + 2000(P/A，10\%，24) - 2500(P/F，10\%，24) \\
&= 19000 + 16500 \times 0.3186 + 2000 \times 8.9847 - 2500 \times 0.1015 \\
&= 41972.55(元)
\end{aligned}
$$

计算表明，以购买 A 型发电机比较经济，其总费用现值较小。

【例 4-6】　某水电枢纽工程，拟开挖一个规模较大的岩石基坑，准备 5 年完工。有两种运输开挖岩石的方案：一种拟购置一台悬臂式吊车，价格为 25 万元，使用 5 年后预计没有残值；另一方案拟购置皮带传送装置，共需 2 台（每台价格 4 万元），但其年费用要比吊车方案增加 3.2 万元。在一般情况下，传送装置使用寿命为 3 年，如使用 2 年以后的旧装置预计可出售价格每台为 8000 元，如贴现率为 13%，采用何种方案有利？两种运输开挖设备的现金流量图如图 4-6 所示。

解　以 5 年作为两个比较方案的分析期。则吊车方案的现值为 25 万元。两台传送带装置只能使用 3 年，以后又要更新一次，需要再投资 8 万元。但使用 2 年后尚有残值 16000 元，应计入现金流量图。此外，每年还需多付一笔维修费用 3.2 万元。因此，传送带方案的现值：

$$NPV = 2 \times 40000 + 2 \times 40000(P/F，13\%，3)$$

$+32000(P/A, 13\%, 5)-1600(P/F, 13\%, 5)$

$=80000+80000\times0.69305+32000\times3.5172-16000\times0.54276$

$=80000+55444+112550-8684$

$=239310$(元)

计算结果表明，如果传送带装置在使用2年以后能够按预计的残值出售，则以选用传送带输送岩石的方案经济。

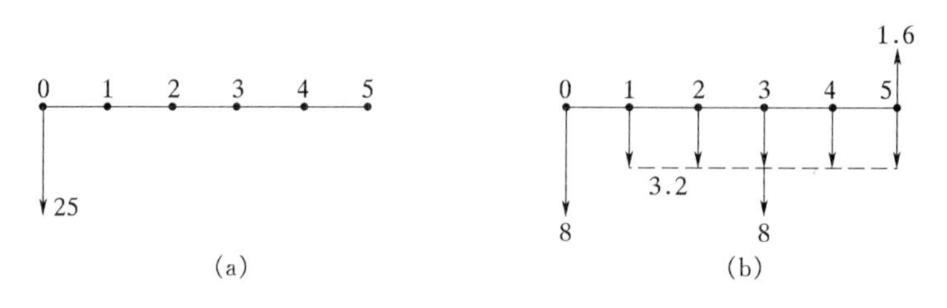

图4-6　两种运输开挖设备的现金流量图

上述现值法的例题，其固定资产的使用年限都有一定寿命。在实际中，有些固定资产如大坝、铁路、桥梁、建筑物等如维修良好，也可假定能永久使用，即其使用寿命可以认为无限长。对这种永久性设施的现值可计算其核定投资总额。所谓核定投资总额即等于固定资产的初始投资与历年维修养护费无穷序列的现值之和。可用下式表示之：

$$核定投资总额=P+\lim_{n\to\infty}A(P/A, i, n)=P+A\lim_{n\to\infty}\left[\frac{(1+i)^n-1}{i(1+i)^n}\right]$$

$$=P+\frac{A}{i}$$

式中　P——固定资产的初始投资；

A——均匀支付年金；

i——贴现率。

【例4-7】　某水利水电工程局，在某灌区总干渠上拟修建渡槽一座，在设计流量相同的条件下，有甲、乙两种方案可供选择。甲方案投资200万元，年养护费2万元，每隔10年大修一次，大修费20万元；乙方案投资300万元，年养护费1.5万元，每隔15年大修一次，大修费40万元。年利率6%，假定渡槽使用期为无限长，试用现值法比较甲、乙方案的优劣。两种渡槽方案的现金流量图如图4-7所示。

解　甲方案：

初始投资：$P=200$万元

历年维修养护费的无穷序列的现值：

$$\frac{2+20(A/F, 6\%, 10)}{i}$$

$$核定投资总额=200+\frac{2+20\times0.07587}{0.06}=200+58.62=258.62(万元)$$

乙方案：

$$核定投资总额=300+\frac{1.5+40(A/F, 6\%, 15)}{i}$$

$$=300+\frac{1.5+40\times0.04296}{0.06}$$

$$=300+53.64=353.64(\text{万元})$$

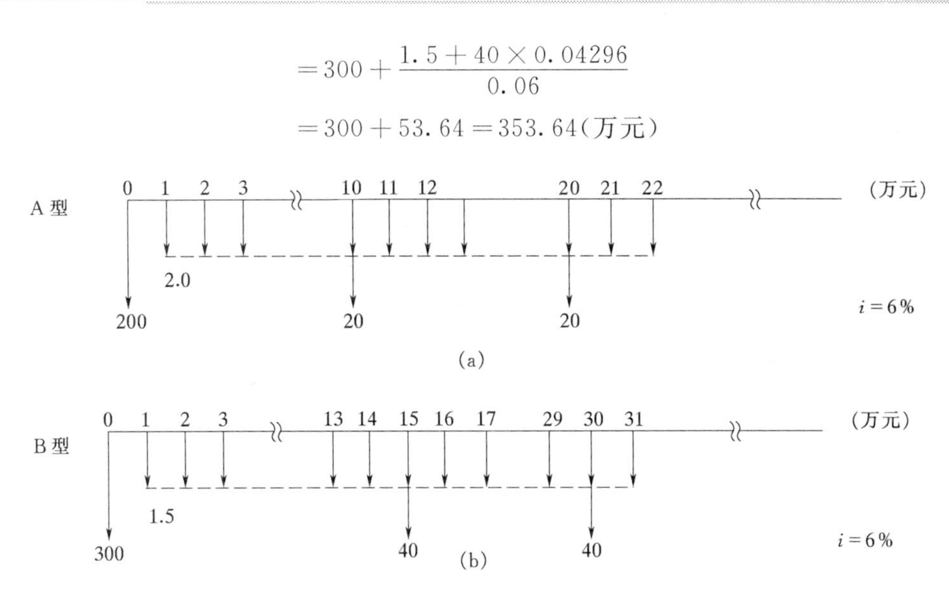

图 4-7　两种渡槽方案的现金流量图

从上述方案比较中看出，对于永久性使用的固定资产其初始投资的大小，在方案对比中所起的作用很大；其历年的维修养护费用虽然有一定差别，但折算成无穷序列的现值，其差别往往甚微，在整个核定投资总和中所起的作用影响不大。

上面所举的例子，都是在互斥方案之间进行比较、选优。现在我们将举例说明独立方案的经济计算。

【例 4-8】　某水库管理局，修建 4 个养殖场，根据地形及水库的供水条件，这 4 个养殖场的建设规模、房屋结构、设备状况均选取各自有利形式，现初步估计各养殖场的投资及年净效益值（已扣除年运行费用）见表 4-3。修建养殖场，需从银行贷款，其年利率为 10%，试用净现值法计算各养殖场的经济效益，以便作出是否向银行贷款的决策。

表 4-3　　各养殖场投资、效益表

养殖场编号	Ⅰ	Ⅱ	Ⅲ	Ⅳ
投资（万元）	2.3	4.0	10.0	8.0
有效期	5.0	6.0	10.0	12.0
残值（万元）	0.2	0.3	0.5	1.1
年净效益（万元）	0.5	1.0	1.5	1.2

解　Ⅰ号养殖场：

$$\begin{aligned}NPV&=-23000+5000(P/A,10\%,5)+2000(P/F,10\%,5)\\&=-23000+5000\times3.7908+2000\times0.6209\\&=-23000+18954+1241.8\\&=-2804.2(\text{元})\end{aligned}$$

Ⅱ号养殖场：

$$\begin{aligned}\text{NPV}&=-40000+10000(P/A,10\%,6)+3000(P/F,10\%,6)\\&=-40000+10000\times4.3552+3000\times0.5645\\&=-40000+43552+1693.5\\&=5245.5(\text{元})\end{aligned}$$

Ⅲ号养殖场：

$$\begin{aligned}\text{NPV}&=-100000+15000(P/A,10\%,10)+5000(P/F,10\%,10)\\&=-100000+15000\times6.1445+5000\times0.3855\\&=-100000+92167+1927.5\\&=-5905.5(\text{元})\end{aligned}$$

Ⅳ号养殖场：

$$\begin{aligned}\text{NPV}&=-80000+12000(P/A,10\%,12)+11000(P/F,10\%,12)\\&=-80000+12000\times6.8137+11000\times0.3186\\&=-80000+81764.4+3504.6\\&=5269(\text{元})\end{aligned}$$

从以上各独立方案的经济分析来看，Ⅰ号和Ⅲ号养殖场的净现值和总和是负值，是要赔钱的，不宜修建。其他两个养殖场（Ⅱ号和Ⅳ号）的净现值和总和都是正值，修建后在其有效期内都有收益。从计算的结果来看，两个养殖场的 NPV 值几乎相差无几。但这两个养殖场的投资却差一倍，所以，如果拟先建一个养殖场，则以先建 II 号养殖场为宜。

二、等值年金法

年金是指每年定期支付的一次金额。所谓等值年金法是指在达到同一工程目标的不同方案中，以每年支付费用的大小来进行比较的方法，并以每年支付最小的方案选择为优选准则。所以在一般经济分析中，常用逐年收支比较进行计算。而在水利工程经济中，则可比较各方案的年平均净效益，以年平均净效益最大者为优选标准；或者以各方案年费用最小者为优选的准则。

以工程分析期内的年平均净效益最大者为优选标准的方法是：首先将施工期内的投资折算为等额的年金，然后根据各年的毛效益和运行费等，计算年平均净效益。取年初（0）为基准点，当工程为年初一次投资时，且年毛效益及年运行费均以多年平均值表示之，则年金的计算公式如下。

$$\max\left\{\text{EAC}=\overline{P}_0=\overline{B}-C_0-K\frac{i(1+i)^n}{(1+i)^n-1}\right\}$$

式中　EAC（$\overline{P}_0$）——工程的等额年净效益，也称年金；

$\overline{B}$——多年平均毛效益；

C_0——多年平均年运行费用；

K——工程初期的一次投资。

在工程方案比较中，如果各方案的多年平均效益相同时，则可以等额的年费用（成本）EAC（或用 $\overline{P}_0$ 表示）值最小作为方案优选的准则。其公式如下：

$$\min\left\{\text{EAC}=\overline{P}_0=C_0+K\frac{i(1+i)^n}{(1+i)^n-1}\right\}$$

等值年金法与净现值法一样，对于相互排斥方案的比较，一般也要在相同的基础上进行，即具有相同的最小诱人收益率（MARR），但可以不要求具有相同的分析期，现举例如下。

【例 4－9】 某水利工程经营公司拟将生产的水泥运往码头，一种方案是雇佣人力运送，估计在 10 年内平均每年需付费用 9000 元；另一种方案是采用半机械化运输，需一次投资购买设备 15000 元。此外，平均每年尚需支付工资、燃料等 6300 元。估计机械设备使用期为 10 年，10 年后无残值。最低期望收益率为 9%，试比较选择何种方案为优。

解 人力方案：等值年金 EAC＝9000（元）

半机械化方案：

$$
\begin{aligned}
\text{等值年金 EAC} &= 15000(A/P,\ 9\%,\ 10) + 6300 \\
&= 15000 \times 0.15582 + 6300 \\
&= 8637(\text{元})
\end{aligned}
$$

因此，选择半机械化方案为优。

【例 4－10】 某工程拟开发 1 万亩灌区，估计每年的灌溉毛效益为 20 万元。有两个方案可供比较：一方案是提水灌溉方案，一次投资 30 万元，工程使用期 3500 元；另一方案为筑坝引水，一次工程投资 50 万元，工程使用期也为 30 年，年运行费 1200 元。两方案的基础贴现率均为 12%。问何者较优。

解 由于两方案的年灌溉效益相等，因此可采用等额年费用（成本）A'值最小作为方案优选准则。

提水灌溉方案：

$$
\begin{aligned}
A' &= C_0 + K(A/P,\ i,\ n) = 0.35 + 30(A/P,\ 12\%,\ 30) \\
&= 0.35 + 30 \times 0.12414 = 0.35 + 3.72 = 4.07(\text{万元})
\end{aligned}
$$

筑坝引水方案：

$$
\begin{aligned}
A' &= C_0 + K(A/P,\ 12\%,\ 30) = 0.12 + 50 \times 0.12414 \\
&= 0.12 + 6.21 = 6.33(\text{万元})
\end{aligned}
$$

计算结果表明，以提水灌溉方案为优，年费用可以节省 6.33－4.07＝2.26（万元）

【例 4－11】 表 4－4 中列举了 A、B 两种型号的混凝土搅拌机的投资及年运行费用，假定这两种机器的产出是相同的，但 A 型机器可以使用 6 年，B 型机器可以使用 4 年。如基准贴现率为 8%，试用等值年金法比较何种机器的年支出值较小。

表 4－4　两种型号搅拌机年费用表

年（末）	0	1	2	3	4	5	6
A 型	－16000	－8000	－8000	－8000	－8000	－8000	－8000
B 型	－20000	－3000	－3000	－3000	－3000		

解 虽然两种型号的机器使用期不相同，但用等值年金（年费用）法计算时，不要求相同的分析期，计算如下：

A 型：

$$
\begin{aligned}
\text{EAC} &= -16000(A/P,\ 8\%,\ 6) - 8000 \\
&= -16000 \times 0.2163 - 8000 = -11461(\text{元})
\end{aligned}
$$

B 型：　　$EAC=-20000(A/P,8\%,4)-3000$

$=-20000\times0.3019-3000=-9038$(元)

两方案的比较结果，说明选购B型搅拌机每年可以节约开支 $11461-9038=2423$（元）。

现仍用现值法中的算例，设有A、B两种小型发电机，其投资、年运行费和残值见表4-2，基准贴现率为10%，由于这两种发电机的使用寿命不同，A型为8年，B型为12年，用现值法计算时，要采用其最小公倍数24年作为共同的分析期。即A型发电机要每8年更新一次，B型发电机每12年更新一次，其现金流量图见图4-5。现用等值年金法比较其年度开支，则不需要计算24年的现金流，只要计算一个周期的等值年金就可以代表其整个分析期内的等值年金。计算工作量就大大减少，这也正是等值年金法的优点。

A型：$EAC=-12000(A/P,10\%,8)-2400+2000(A/F,10\%,8)$

$=-12000\times0.18744-2400+2000\times0.08744$

$=-2249.28-2400+174.88$

$=-4474.4$(元)

B型：$EAC=-19000(A/P,10\%,12)-2000+2500(A/F,10\%,12)$

$=-19000\times0.14676-2000+2500\times0.04676$

$=-2788.44-2000+116.9$

$=-4671.54$(元)

计算说明，购置A型发电机每年可节约开支194.14元。其结论与用现值法的一致。在净现值法中用24年的分析期计算，但实际上由于生产技术的不断发展，新的机器会不断出现，反复购买同类型的机器的可能性不大。另外如价格、运行费用、残值等在这么长的时期内也会发生变化，所以这种以最小公倍数作重复使用期的计算方法，其分析成果有某种程度的近似性，一般可作为决策者选择方案的参考。

以上列举的都是互斥方案的比较。等值年金法也可用于独立方案的经济分析。现仍用表4-3中四个养殖场为例进行分析。

Ⅰ号养殖场：

$EAC=-23000(A/P,10\%,5)+2000(A/F,10\%,5)+5000$

$=-23000\times0.26380+2000\times0.16380+5000$

$=-6067.4+327.6+5000$

$=-739.8$(元)

Ⅱ号养殖场：

$EAC=-40000(A/P,10\%,6)+3000(A/F,10\%,6)+10000$

$=-40000\times0.22961+3000\times0.12961+10000$

$=-9184.4+388.8+10000$

$=1204.4$(元)

Ⅲ号养殖场：

$EAC=-100000(A/P,10\%,10)+5000(A/F,10\%,10)+15000$

$=-100000\times0.16275+5000\times0.06275+15000$

$=-16275+313.75+15000$

$=-961.3$(元)

Ⅳ号养殖场：

$$\begin{aligned}EAC &= -80000(A/P, 10\%, 12)+11000(A/F, 10\%, 12)+12000\\ &= -80000\times 0.14676+11000\times 0.04676+12000\\ &= -11740.8+514.36+12000\\ &= 773.56(\text{元})\end{aligned}$$

从以上计算结果来看，Ⅰ号和Ⅲ号养殖场的年金都是负值每年都要亏损。Ⅱ号和Ⅳ号养殖场的年金都是正值，在其有效使用期内都有一定的经济效益。其结论与现值法的一致。

三、效益费用比法

效益费用比法是指工程分析期内所获得的效益与所支付的费用之比，以 B/C 或 R_0 表示之。所谓分析期内的效益和费用，是指平均的年毛效益与平均的年费用（年运行费用及投资折算值之和）之比；也可以是分析期内效益现值与费用现值之比。

（1）以分析期内的多年平均毛效益 $\overline{B}$ 作为分子，以多年平均年费用 C 作为分母，其现金流量图如图 4-8 所示，则效益费用比的计算公式一般可以表达为

$$\frac{B}{C}=R_0=\frac{\overline{B}}{\overline{C}_0\overline{C}_1}=\frac{\overline{B}}{\overline{C}_0+K(A/P, i, n)}$$

$$=\frac{\overline{B}}{\overline{C}_0+K\left[\frac{i(1+i)^n}{(1+i)^n-1}\right]}$$

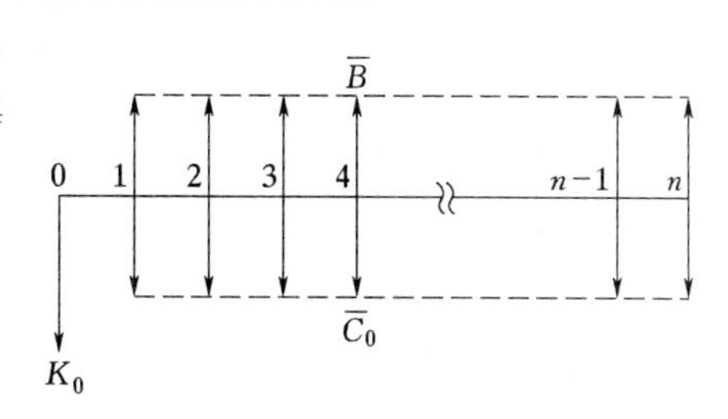

图 4-8 效益、费用现金流量图

（2）如果各方案的分析期相同，也可用总效益现值与总费用现值之比来表达效益费用比的值。其现金流量图如图 4-9 所示，取工程开始受益的年份为基准年，则

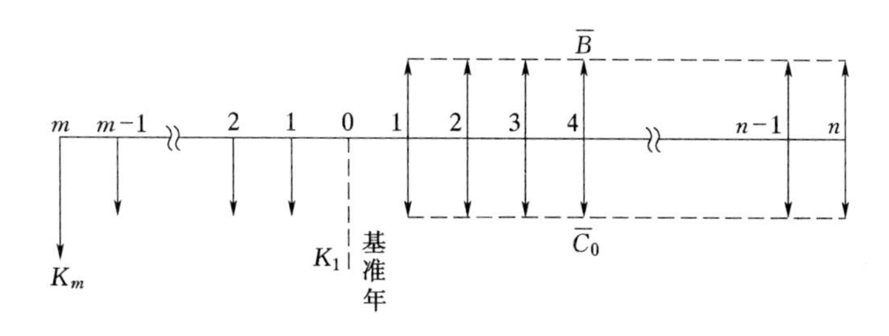

图 4-9 效益、费用现金流量图

$$\frac{B}{C}=R_0=\frac{\sum_{t=1}^{n}\frac{B_t}{(1+i)^t}}{\sum_{t=0}^{m}K_t(1+i)^t+\sum_{t=0}^{n}\frac{C_t}{(1+i)^t}}$$

$$=\frac{\sum_{t=1}^{n}B_t(P/F, i, n)}{\sum_{t=0}^{m}K_t(F/P, i, n)+\sum_{t=0}^{n}C_t(P/F, i, n)}$$

如果公式中的 B_t = 多年平均效益 = $\overline{B}$，C_t = 多年平均年运行费 = $\overline{C}_0$，则效益费用比公式可以写成：

$$\frac{B}{C}=R_0=\frac{\overline{B}(P/A,i,n)}{\sum_{t=0}^{m}K_t(F/P,i,n)+\overline{C}_0(P/A,i,n)}$$

$$=\frac{\overline{B}\left[\frac{(1+i)^n-1}{i(1+i)^n}\right]}{\sum_{t=0}^{m}K_t(F/P,i,n)+\overline{C}_0\left[\frac{(1+i)^n-1}{i(1+i)^n}\right]}$$

必须指出，用效益费用比法对方案进行评价时，用上述公式算出的效益费用比 $B/C>1$，说明工程方案在经济上可取，如方案的 $B/C<1$，则方案应淘汰。显然，对于独立方案来说，效益费用比值愈大，方案的经济效益愈高，如果要选择最优方案，还必须进行效益费用比的增量分析。

四、内部收益率法

近些年来，一些国家，特别是一些第三世界国家，有很多工程是借用外资来兴建，如向世界银行、地区性开发银行、各国的进出口银行和政府之间的贷款等。这些不同的资金来源，其利率是各不相同的。利率高的，显然对工程效益不利。因此，在确定各种资金来源之前，对该项工程必须进行经济分析，研究采用怎样的利率数值时，兴建该项工程在经济上才是合算的。由于进行这种经济分析时，资金来源和利率往往尚未确定，因此采用前述效益费用比法就有困难。为此，国外广泛采用一种叫做内部收益率的方法。

内部收益率（通常简写成 IRR 或符号 r_0）是指一项工程内在的回收投资的能力或其内在的（通过投资）取得报酬的能力。也就是要计算出，在什么利率下，该项工程在其未来整个有效寿命期内的效益现值，正好等于该工程全部投资的现值（亦即工程的净效益现值等于零）。如用数学公式来表示，即

$$\sum_{t=0}^{n}\frac{B_t}{(1+i)^t}=\sum_{t=0}^{n}\frac{C_t}{(1+i)^t}$$

式中　B_t、C_t——相应第 t 年的效益与费用（或投资）；

　　i——利率；

其余符号意义同前。

在上述条件下，就可计算出一个利率（i），即为内部回收率（IRR）。此时，该工程的效益与成本正好相等，即效益费用比等于 1。因此，这个内部收益率实际上是一个衡量工程经济效益的标准值。如果向银行贷款的利率大于这个标准值（即大于这个内部收益率），说明贷款是不能接受的，经济上是不可行的，因为相应的经济效益比小于 1；如果贷款的利率小于内部收益率，说明兴建这个工程有利可图，在经济上是可行的，相应的效益费用比大于 1。从这里可以看出，内部回收率越高，则该工程的经济效益越好。

从上述的公式可以看出，要计算内部收益率，首先要假定一个利率，然后进行试算，最后才能使工程的效益和成本的现值正好相等。这时的利率，即为所求的内部回收率。

其计算步骤如下：

（1）确定工程的投资金额。

（2）预估该工程在有效期内各年的效益。

（3）确定计算的基准年。

（4）假定一个利率，计算投资和效益的现值。如果投资与效益的现值正好相等，则假定的利率即为该工程的内部收益率。

（5）如果两者不相等，效益大于投资（即净效益现值为正数）时，另选一个较大的利率再重新计算；如果效益小于投资（即净效益现值为负数）时，则另选一个较小的利率再进行计算（见图4-10）。

（6）如果计算过程中，两次所得结果在零的两侧，且两次计算的利率已极为接近时，则可假定其间关系按直线变化，可用内插法求之。

$$IRR = i_1 + \frac{|NPV_1|}{|NPV_1| + |NPV_2|}(i_2 - i_1)$$

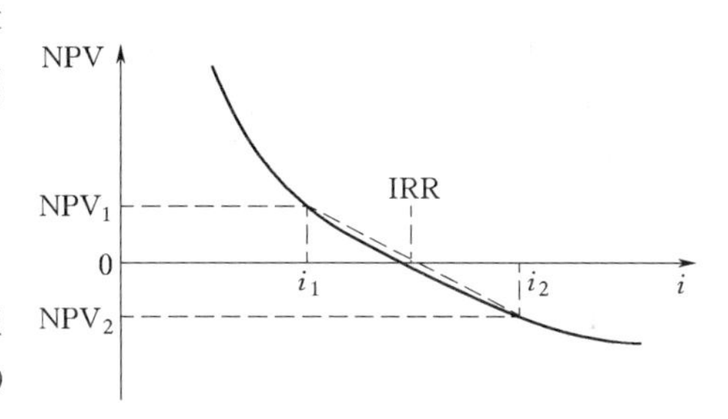

图4-10　内部回收率计算示意图

【例4-12】　某工程逐年的投资及效益列于表4-5中的第2、3栏，工程寿命为20年，试计算其内部回收率。

解　首先确定0年为基准年，再假定一个利率，按表4-5的格式进行计算。经若干次假定和试算后，得年利率为20%时的试算结果，如表4-5中所列数值。从表中看出，4与5的总和基本相等，因此，年利率20%即为工程的内部收益率。

表4-5　　**内部回收率计算表**

年序	投资	效益	按贴现率计算的投资现值	按贴现率计算的效益现值
①	②	③	④	⑤
1	250		208	
2	1000		694	
3	530		307	
4		300		
5		400		145
6		400		160
7		500		134
⋮		⋮		}500×1.544=772
20				
合计	1780	8100	1209	1211

说明：

（1）第④项的数值是以第②项的数值乘以现值因子，即

$$④ = ② \times \frac{1}{(1+i)^n}$$

（2）同样，第⑤项为第③项数值乘以现值因子，即

$$⑤ = ③ \times \frac{1}{(1+i)^n}$$

（3）第⑤项内计算第7年至第20年的现值效益时，采用年金累计现值因子，其公式为

$$\frac{(1+i)^{20}-1}{i(1+i)^{20}}-\frac{(1+i)^{6}-1}{i(1+i)^{6}}=1.544$$

（4）效益费用比，即 $B/C=\frac{\text{第 5 项总和}}{\text{第 4 项总和}}=\frac{1211}{1209}\approx 1.0$

从上例的计算结果看出，本法的优点是可以事先预知工程方案未来可以带来多大的回收率，从而可以确定有利可图的筹资来源和贷款利率。如果是几个独立方案之间的比较，则可认为回收率最高的方案其经济效益最好。但若是在多个互斥方案之间比较选择，则必须进行内部收益率的增量分析。其分析方法与增量效益费用比的分析相同，可将各比较方案按投资由小到大的顺序排列，依次逐一求出增量内部收益率。认为增量内部收益率大于最低期望收益率的方案为可取方案；反之，小于最低期望收益率的方案为淘汰方案。

第五章　敏感性分析

前面所论及的经济分析中，有许多基本资料和数据都是由估算或预测而来的，但实际情况是在不断的变化，如随着时间的推移，环境条件、社会需求和产品价格等的改变；随着水文条件的不同，防洪、发电和灌溉等的年效益和年运行费的变化；此外，对各种因素或数据的估计也不是完全准确等。这些对原方案的经济和效益都会产生不同程度的影响和改变，甚至由于某一因素的变化可能导致原已选定方案成为不合理方案。因此，为了对于某些因素的变化而引起的经济和财务效益的影响作出较为全面的了解，就必须对影响方案取舍比较敏感的因素进行分析，称之为敏感性分析。

敏感性分析可以判断已选定方案在经济或财务效益方面的稳定程度，也可以检验不同基本数据情况下对方案经济和财务方面的影响，以便帮助决策者作出正确的选择。对敏感性较大的因素进行研究，目的仍然在于确保工程方案的经济效益。

《水利经济计算规范》中规定，在进行敏感性分析时，主要指标的浮动幅度为：

(1) 投资：±（10%～20%）。

(2) 年效益：±（15%～25%）。

(3) 施工年限：提前或推后1～2年。

(4) 达到设计效益的年限：提前或推后1～2年。

计算时，可根据工程的具体情况，考虑某一单项指标浮动，或考虑两项以上指标同时浮动，以分析其对工程效益的影响。考虑到敏感性分析对工程方案的评价和选择有一定的影响，所以，对主要的比较方案均应列出计算及浮动因素后的计算结果，以供方案的选优和决策。

敏感性分析一般要遵循以下步骤进行：

(1) 选择对于经济效益可能产生较大影响的因素。

(2) 确定各因素的变化范围及其增量。

(3) 选定评价方法。如现值法、等值年金法、内部报酬率法等，以评估各因素的敏感性。

(4) 根据评价方法，一般先计算出基本情况下的评价指标，然后使用选定的因素在确定的范围内变化，并计算出相应的评价指标，必要时可以汇成图表，以供方案选优时决策。下面举例说明。

【例5-1】　某地拟建一提水灌区，投资50000元，当年投资当年收益。根据类似灌区资料分析，多年平均灌溉效益及年运行费用预测值分别为8000元和2000元，工程有效使用期为20年，问该工程净效益年值及效益费用比各为多少？并对该提水工程的投资、年运行费用和灌溉效益在各单项指标变化的条件下，进行敏感性分析。

解 (1) 对提水灌区在基本状况下的净效益年值及效益费用比进行计算。

根据规范要求，经济报酬率采用7%，则净效益年值

$$B_0=-50000(A/P, 7\%, 20)+(8000-2000)=-4719.5+6000=1280.5(\text{元})$$

效益费用比 $\dfrac{B}{C}=\dfrac{8000}{2000+50000(A/P, 7\%, 20)}=\dfrac{8000}{6719.5}=1.19$

(2) 对投资、年运行费用和效益各单项指标变化的敏感性分析。

投资增减 $r\%$ 时的净效益年值和效益费用比计算公式分别为

$$B_0=-50000(1\pm r\%)(A/P, 7\%, 20)$$

$$\frac{B}{C}=\frac{8000}{2000+50000(1\pm r\%)(A/P, 7\%, 20)}$$

多年平均灌溉效益增减 $r\%$ 时，净效益年值 B_0 和效益费用比 B/C 的计算公式为

$$B_0=-50000(A/P, 7\%, 20)+8000(1\pm r\%)-2000$$

$$\frac{B}{C}=\frac{8000(1\pm r\%)}{2000+50000(A/P, 7\%, 20)}$$

年运行费用增减 $r\%$ 时的 B_0 及 B/C 计算公式为

$$B_0=-50000(A/P, 7\%, 20)+8000-2000(1\pm r\%)$$

$$\frac{B}{C}=\frac{8000}{2000(1\pm r\%)+50000(A/P, 7\%, 20)}$$

敏感性分析的计算结果列于表5-1。从计算结果可以看出，效益费用比和净效益费用年值对年灌溉效益较敏感，如果灌溉效益的估计值减少20%，则该提水灌溉工程将被否定。

表5-1　敏感性计算成果表

项　目	基本方案	投资增加10%	投资减少10%	灌溉效益增加10%	灌溉效益减少15%	灌溉效益减少20%	年运行费用增加20%	年运行费用减少10%
投资（元）	50000	55000	45000	50000	50000	50000	50000	50000
灌溉效益多年平均值（元）	8000	8000	8000	8800	6800	6400	8000	8000
年运行费（元）	2000	2000	2000	2000	2000	2000	2400	1800
灌溉净效益年值 B_0（元）	1280.5	808.5	1752.5	2080.5	80.5	−319.5	880.5	1480.5
工程的效益费用比 B/C	1.19	1.11	1.28	1.31	1.01	0.95	1.12	1.23

【例5-2】 某水库管理单位计划建立一个混凝土搅拌站，出售商品混凝土，以供当地居民建筑房屋及制造混凝土预制件之用。估计10年内销售量不成问题。该站需投资15万元，每天可以生产混凝土75m^3，每年开工250天，生产能力利用程度为75%，每立方米混

凝土售价估计为 48 元，搅拌站管理费用预测为 16 万元，生产设备维修及燃料动力费随生产能力利用程度而变化，其值可查图 5-1。现贴现率为 15%，试以该站的净效益年值、单位投资的收益率、效益费用比为指标，对该搅拌站的生产能力的利用程度、产品售价和搅拌站的使用寿命等进行敏感性分析，作出建立该混凝土搅拌站是否能盈利的回答，以便为水库管理单位建立该站的可行性研究提供依据。

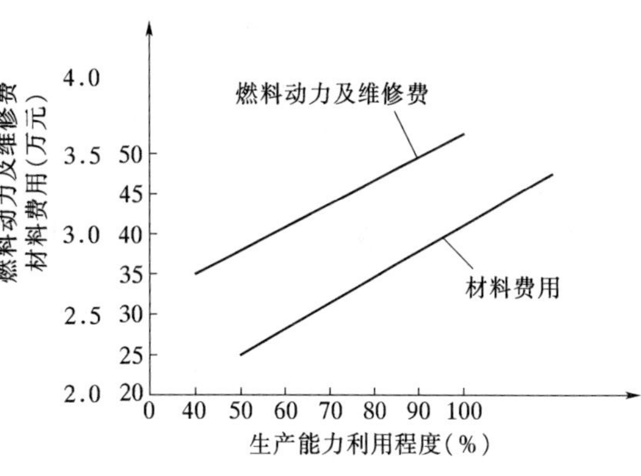

图 5-1　生产能力利用程度——材料费、燃料动力及维修费关系图

解　要考核该混凝土搅拌站在生产能力、产品价格及使用寿命等因素变化情况下能否盈利，可进行敏感性分析。

（1）求该站的净效益年值、单位投资的收益率及费用效益比；在生产能力为 75%、混凝土售价为 48 元/m^3、使用寿命为 10 年的基本情况下，其

净效益年值＝年度收入－年度支出

其中　　　　　年度收入＝75×250×48×75%＝675000(元)

年度支出＝资金回收年值＋管理费用＋生产设备维修及燃料动力费＋材料费

$=150000(A/P, 15\%, 10)+160000+35000+75\times250\times28\times75\%$

$=150000\times0.1993+160000+35000+393750$

$=618645$(元)

（注：35000 及 393750 可从图 5-1 中查得）

所以　　　　　净效益年值＝675000－618645＝56355(元)

$$单位投资的净效益率\frac{56355}{150000}\times100\%=37.6\%$$

表 5-2　　　　　　　　生产能力利用程度的敏感度分析成果表

项　目		生产能力利用程度 50%（降低 33%）	生产能力利用程度 60%（降低 20%）	生产能力利用程度 65%（降低 13%）	生产能力利用程度 70%（降低 6.7%）	生产能力利用程度 80%（降低 13%）
年度收入（元）		450000	540000	585000	630000	720000
年度支出	资金回收年值（元）	29895	29895	29895	29895	29895
	职工工资及行政管理费用（元）	160000	160000	160000	160000	160000
	生产设备维修及燃料动力费用（元）	29167	31500	32667	33834	36167
	材料费用（元）	262500	315000	341250	367500	420000
	总计（元）	481562	536395	563812	591229	646062
年度收益（元）		－31562	3605	21188	38771	73938
净收益率（%）		－21	2.4	14	25.8	49.3
效益费用比		0.93	1.01	1.04	1.07	1.11

(2) 生产能力利用情况的敏感度。考虑年度收入在增加10%至减少25%之间浮动,为此,拟定搅拌站生产能力利用程度为50%、60%、65%、70%、80%五种情况,进行敏感度分析,其他因素不考虑变化,计算结果见表5-2。

由表5-2可以看出,如该混凝土搅拌站的生产能力利用程度能达65%以上,则这个搅拌站的建立是值得的,生产能力利用程度在60%以下时,这个搅拌站的建立被否定。

(3) 售价的敏感度。如果搅拌站生产能力的利用程度仍为75%,而售价发生变化,其他费用均保持不变,其敏感度分析成果见表5-3。

表5-3　　售价发生变化时的敏感度分析成果

项　目	售　价			
	48.00元/m^3 (基本情况)	46.80元/m^3 (降低2.5%)	45.6元/m^3 (降低5%)	44.40元/m^3 (降低7.5%)
年度收入(元)	675000	658125	641250	624375
年度支出(元)	618645	618645	618645	618645
年度净收益(元)	56355	39480	22605	5730
益率(%)	37.6	26.3	15.1	3.8
效益费用比	1.09	1.06	1.04	1.01

由表5-3可以看出,混凝土的销售价格如降低5%,该站还是可以盈利的。但是再降低则有亏本的可能。为此必须对售价进行细致分析,了解该地区最近几年内需求与供应情况。

(4) 搅拌站使用寿命的敏感度。假如搅拌站的生产能力利用程度为75%,售价为48元/m^3,两者都保持不变。但搅拌站的使用寿命可能有变化,此时年度收入和年度支出中的职工工资、行政管理费用、材料等费用都没有变化,仅资金回收年值稍有不同,其敏感度分析成果见表5-4。

表5-4　　使用寿命变化时的敏感度分析成果

项　目	使　用　寿　命			
	5年(降低50%)	8年(降低20%)	10年(基本情况)	15年(增加50%)
年度收入(元)	675000	675000	675000	675000
资金回收年值(元)	44745	33435	29895	25650
年度支出(元)	633495	622185	618645	614400
净效益(元)	41505	52815	56355	60600
财务收益率(%)	27.7	35.2	37.6	40.4
效益费用比	1.07	1.08	1.09	1.10

由表5-4可以看出,混凝土搅拌站对使用寿命的变化是不灵敏的,即使这个搅拌站只使用5年,投资的净效益率、净效益年值及效益费用比均是可行的。如果以搅拌站

生产能力利用程度为75%，使用寿命10年，每立方米混凝土的售价为48元作为基本方案，敏感度分析时均以此为基点，用生产能力、售价及使用寿命变动的百分数分别作为横坐标，以投资收益率作为纵坐标，同样也可以绘成如图5-2的形式。从图上可以看出，当搅拌站生产能力利用程度降低12%～15%，混凝土销售价格降低6%～7%时，再兴建该搅拌站将无利可图。但是，搅拌站使用寿命变化，对经济效益反映不敏感，即使让使用寿命缩短50%，建站方案在经济上仍是可行的。所以，根据图5-2可对建设搅拌站的方案作出比较全面和合理的判断决策。

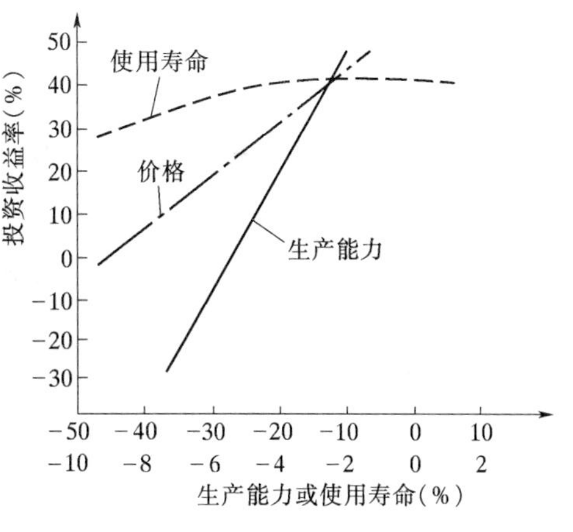

图5-2　生产能力、售价及使用寿命变动百分比与投资收益率关系图

第六章 灌溉工程评价

第一节 灌溉工程效益

灌溉工程是直接为农业增产服务的，因此，在计算灌溉工程的经济效益时，主要是计算工程兴建前后的农业增产效益。

计算农业增产效益要比计算工业的经济效益复杂得多，主要表现在以下几个方面：

第一，灌溉农业增产是水、土、肥、种、管等农业技术措施的综合作用的结果。灌溉只是促进农业增产的重要措施之一，在农业增产上只起到其应有的一部分作用。因此，在计算农业增产时，不能全归功于灌溉的作用。灌溉增产效益只能是在相同的农业技术措施条件下，由于灌溉措施（与无灌溉措施的情况比较）而增加的农业产量部分。如果灌区开发以后，农业技术措施有很大的提高和改进，例如，杂交或改良品种的推广，低毒高效农药对防治病虫害的效果大幅度提高，化学肥料改进，新技术在农业上应用，或由于有了灌溉措施使作物良种追肥次数和追肥量、种植制度、耕作技术等得以提高和改进等，从而导致农作物产量增值，就应在“水利”和“农业”之间进行合理分摊。关于灌溉增产效益的分摊系数可以根据试验资料确定，或者以灌溉后当地农业生产技术措施的变化情况，如施肥条件、良种推广、病虫害防治等，结合水利灌溉的作用，具体分析确定。一般在干旱缺雨地区、种植水稻地区，或湿润地区的干旱年份，农业生产对灌溉依赖程度较高时，灌溉增产效益分摊系数（ε）的值较大，常可取0.5～0.6或更大一些；湿润或半湿润地区，尤其在丰水年份，灌溉仅起补水作用，灌溉效益的分摊系数较低，约为0.2～0.3。

第二，农业增产效益受自然条件的影响很大。如我国南方地区降雨量比较丰富，修建灌溉工程对棉、麦等旱作物除遇干旱年份有增产效益外，一般年份增产并不显著。而对于需水量大的水稻，灌溉效益则十分显著。但在不同年份随降雨量的大小和分布情况的不同，灌溉效益也不尽相同。西北干旱地区降雨稀少，没有灌溉就没有农业，因此灌溉效益特别显著，各年之间的变化也不大。总之，我国幅员辽阔，各地的自然条件相差很大，即使是同一地区年际之间的气候条件也很不相同，灌溉效益也随之而变化，有的年份大，有的年份小。因此，在经济分析中不能采用某一年份的灌溉增产效益作指标，而应采取在分析期内的多年平均增长效益作为计算依据。

一、农业增产效益的计算方法

农业增产效益的计算，视不同情况一般有以下三种方法。

1. 第一种

灌区开发前后的农业技术措施基本相同（或变化不大），则农业的增产效益主要是灌溉效益。一般计算公式如下：

$$B=\left[\sum_{i=1}^{n}A(y-y_0)C+\sum_{i=1}^{n}A(y'-y'_0)C'\right]/n$$

式中　B——灌区多年平均增产值，即毛效益年值，元；

A——灌区作物种植面积，亩；

y——采取灌溉措施后的作物产量，kg/亩；

y_0——未采取灌溉措施时的作物产量，kg/亩；

y'、y'_0——灌溉前后作物副产品（如麦秆、稻草等）的产量，kg/亩；

C、C'——农产品及其副产品的价格，元/kg；

n——分析期限，年。

上式中，采取灌溉措施后的农作物产量与未采取灌溉措施后的农作物产量（在自然条件和农业技术措施基本相同的情况下），应根据灌溉对比试验资料来确定。但在多数情况下，往往缺少这种试验对比资料。因此，也可以实地调查灌区投产前后几年的农业产量加以分析确定。一般来说，灌区修成投产后的最初几年内，农业技术措施不会有很大的变化，当时的农业增产效益可以认为主要是灌溉效益。

2. 第二种

灌区开发以后，用水有了保证，为了继续获取农作物的不断增长，往往要相应地改进其农业技术措施（如选用优良品种、增加肥料、改进耕作方法等），从而增加了额外的农业投资，在这种情况下，农业的增产量是水利灌溉与农业技术措施综合作用的结果，他代表的是综合效益，应由水利、农业两部门进行分摊。此时，上述公式中的总产值 B 应乘以灌溉效益分摊系数 ε 后，εB 即为灌溉增产效益，也即灌区多年平均增产值。

3. 第三种

当灌溉工程修建后，灌溉保证年份即破坏年份产量均有试验或调查资料时，多年平均总产值应视农技措施情况分别按下式求得。

农技措施和工程修建前基本相同的情况：

$$B=A[yp+(1-p)\gamma y-y_0]C$$

农技措施比工程修建前有较大提高的情况：

$$B=\varepsilon A[yp+(1-p)\gamma y-y_0]C$$

式中　p——灌溉保证率；

y——灌溉工程修建后，破坏年份的多年平均单位面积产量，kg/亩；

γ——产量系数；

y_0——灌溉工程修建后，保证年份的多年平均单位面积产量，kg/亩；

其他符号意义同前。

式中把副产品折合成农作物产量计入式内。

产量系数 γ 取决于缺水数量及缺水时期，一般缺水系数和产量系数之间存在着如图 6－1所示的关系。

图中
$$缺水系数\ \beta=\frac{缺水量}{作物在该生育阶段需水量}$$
$$产量系数\ \gamma=\frac{该生育阶段缺水后的实际产量}{作物水分得到满足情况下的产量}$$

缺水系数和产量系数均可通过调查或实验确定。

在国外，灌溉工程效益常借助于效益函数来进行计算，如图 6－2 所示。图中 A 线表示整个生长期内实际供水量能完全满足作物计划灌水量时的灌溉效益与供水关系。曲线 A 称为正常供水的效益函数。如灌区面积为 $\overline{\omega}_0$，相应的正常供水量为 x_0，则灌溉效益可从曲线 A 上查得为 y_0。

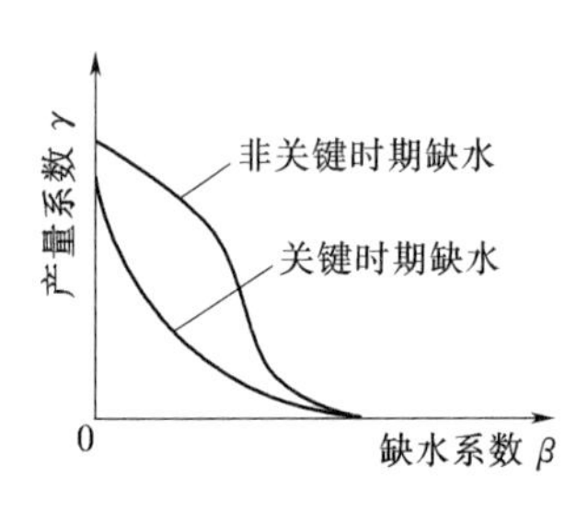

图 6－1　缺水系数 β 与产量系数 γ 的关系

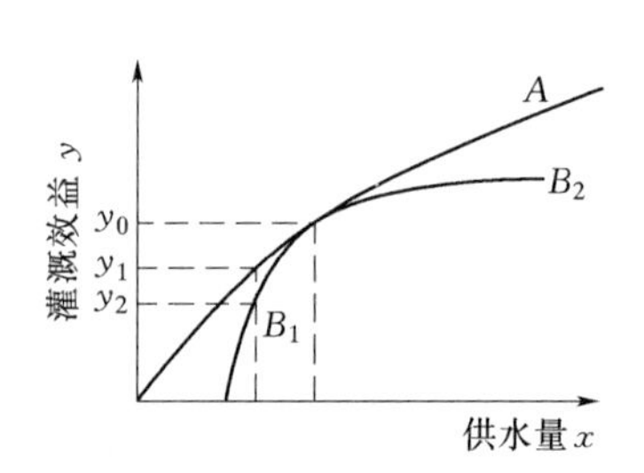

图 6－2　供水量 x 与灌溉效益 y 的关系

B 线表示整个生育期内的实际供水量不能满足该作物的计划灌水量 x_0 时，灌溉效益与供水量的关系。B_1 称为供水不足时的效益函数，相应的灌溉效益可从图上能得为 y_2，图中 y_1 为供水量 x_1 对灌溉面积 ω_1 实行正常供水的灌溉效益，y_2 为水源供水量由 x_0 减少到 x_1 时的灌溉效益。

有些国家也常以供水量不足时的损失函数来表示 B_1，所谓损失函数就是缺灌情况下，作物产量的损失百分数，也就是作物生育期内，由于缺少某次灌溉所引起的损失量占该作物正常供水下总产量的百分数。

图中 B_2 线表示整个生长期内实际供水量超过该作物计划灌水量要求时，灌溉效益与供水量的关系。B_2 称为超过正常供水量的效益函数。B_2 线的坡度总是非常小的，有时甚至为零或反坡，这是因为作物计划灌水量是按最经济的灌水定额拟定的，超过该定额以后，灌水量增加很多，但产量增加甚微，对作物过量供水甚至还会导致作物的减产。在灌溉管理中，超过正常供水量进行供水，实际上是不允许的。

如果具有上述正常供水时的效益函数 A 及供水不足时的效益函数 B_1 的试验资料，则灌溉效益即可依据灌区历年的水源状况，逐年进行计算。下面介绍这种逐年计算灌溉效益的方法。

（1）以损失函数为计算依据的方法。美国和西班牙某些灌区就是用这种方法计算灌溉效益的。根据美国农业部在亚利桑那州和新墨西哥州的观测资料，各种作物在正常情况下需灌水量见表 6－1。

表 6-1　　各种作物正常情况下灌水量及灌水次数

作物 \ 灌水时段	4月		5月		6月		7、8月					9月		10月	灌水量合计
	1	2	3	4	5	6	7	8	9	10	11	12	13	14	55
紫花苜蓿	—	—	12	—	11	—	—	13	—	—	19	—	—	—	31
豆　类	—	—	6	—	7	—	5	5	4	4	—	—	—	—	39
玉　米	—	—	6	—	8	—	5	6	8	—	6	—	—	—	23
细粒谷类	10	—	5	—	8	—	—	—	—	—	—	—	—	—	41
高　粱	—	—	5	—	6	—	8	6	6	6	6	—	—	—	47
甜　菜	—	6	—	7.5	—	5	6.5	—	5	5	8	—	4	—	43
马铃薯	—	6	—	5	4	4	4	4	4	4	4	4	—	—	—

注　1. 从水源供水到根系层土壤的灌溉有效利用系数为 50%。
　　2. 每一灌水时段为两周。

在作物需要灌水时期内，如果由于水源不足（或其他原因）而不能向作物供水时，该两个州的减产百分数如表 6-2 所示。

表 6-2　　作物未进行某次规定的灌溉时作物减产百分数

作物 \ 灌水时段	4月		5月		6月		7、8月					9月		10月
	1	2	3	4	5	6	7	8	9	10	11	12	13	14
紫花苜蓿	—	—	35	—	30	—	—	30	—	—	20	—	—	—
豆　类	—	—	—	—	25	—	30	20	20	15	—	—	—	—
玉　米	—	—	20	—	20	—	40	15	20	—	10	—	—	—
细粒谷类	25	—	25	—	25	—	—	—	—	—	—	—	—	—
高　粱	—	20	—	20	—	15	20	—	15	15	25	—	10	—
甜　菜	—	20	—	15	15	15	20	20	20	20	15	8	—	—
马铃薯	—	—	20	—	15	—	20	20	20	20	15	—	—	—

表中减产百分数随不同作物及其不同的生育阶段而变化。

假如某水库灌区，根据水源来水情况及灌溉用水要求，对农田实施充分供水或不供水（即缺灌）两种方法，并按此原则进行长期调节演算，于是该期间每一时段供需水量情况均能清楚掌握。

如果该时段水库水量充足，能满足灌区作物用水要求，则灌区产量不会减产。

如果该时段库中无水，则视该时段缺灌的是什么作物，缺灌发生在什么生育时期，面积是多少，根据表 6-2 中减产百分数，可算得灌区该种作物该年的产量。

如果库中水量不足，不能满足全部面积上的作物灌水要求时，可根据水库供水的实际情况算出缺灌的灌溉面积，从而求得该年作物的全部产量。即满足灌水要求的部分面积上产量与缺灌部分面积上产量之和。

如果作物因两次缺灌而失收，则该作物的播种及生长期中费用应计入年费用中，收割费用则不予计算。

若遇到水库连续出现水量不足，而灌区同时有两种或两种以上作物要求灌溉时，一般说来，水库应首先对产值最高的作物供水，即首先保证对那些若不灌水产值损失最大的作物进行灌溉。假设灌区有两种作物，第一种作物产值较高，并假设，前一灌水时段已充分给第一种作物供水，没有灌溉第二种作物。而在本灌水时段内只能对一种作物充分供水。在这种情况下，如果产值较低的一种作物由于两次不灌造成的损失，大于产值较高的作物因一次缺水所造成的损失，则应对第二种作物进行灌溉，对第一种作物不灌溉。总之，要按优化计划供水，促使灌区能获得最大净效益为目标。

（2）以敏感度指数为计算依据的方法。1968 年 M. E. Jenson 认为，在作物不同生育阶段发生的水分亏缺，对作物的产量有不同的影响，即有不同的减产效应，且各阶段发生的水分亏缺具有相互影响的作用。根据这一观点，提出了如下数学模型：

$$Y_a = Y_b\left[\frac{W_a}{W_b}\right]^{\lambda_1}\left[\frac{W_a}{W_b}\right]^{\lambda_2}\left[\frac{W_a}{W_b}\right]^{\lambda_3}\cdots = Y_b\prod_{i=1}^{n}\left[\frac{W_a}{W_b}\right]^{\lambda_i}$$

式中 Y_a——实际产量（即水分亏缺时的产量）；

Y_b——水分得到充分满足时的作物产量；

W_a——实际净用水量；

W_b——水分得到充分满足时的用水量；

λ_i——第 i 阶段时水分亏缺的敏感度指数。

由于上述公式考虑了土壤水分亏缺发生的时间对作物产量的影响，并且用敏感度指数 λ 反映作物产量对不同生育阶段的水分亏缺的敏感程度，因此对计算缺水条件下的作物产量具有较高的精度。

公式的实用价值主要取决于敏感度指数的确定。根据 M. E. Jensen 的研究，敏感度指数 λ_i 随作物播种后各生育阶段的生长天数占全生长期的百分数（x）而变化，这种变化并有一定规律，且因不同的作物而异。敏感度指数 λ_i 一般应根据试验确定。

Denmead 和 Shaw 给出了玉米 λ_i 的计算公式，即

$$\lambda_i = 0.19070 - (2.51961\times10^{-2})x + (1.07462\times10^{-2})x^2 - (1.58304\times10^{-5})x^3 + (7.4890\times10^{-8})x^4$$

式中 x——玉米各生育阶段的生长天数占全生育期的百分数。

武汉水利电力学院在河南新乡中国农业科学院灌溉研究所进行了缺水条件下玉米的灌溉试验。根据试验资料，并用数理统计方法进行分析，得到玉米各生育阶段敏感度指数的计算公式为

$$\lambda_i = 0.1148 + 0.311x + 2.3359x^2 - 25.6515x^3 + 79.5628x^4 - 95.023x^5 + 38.641x^6$$

由上式计算得到的各生育阶段的敏感度指数及其变化过程见表 6－3 和图 6－3。

表 6－3　玉米各生育阶段的敏感度指数表

生育阶段	播种—定苗	定苗—拔节	拔节—抽穗	抽穗—乳熟	乳熟—收获
各阶段的 λ 值	0.1571	0.1737	0.1966	0.3620	0.2455

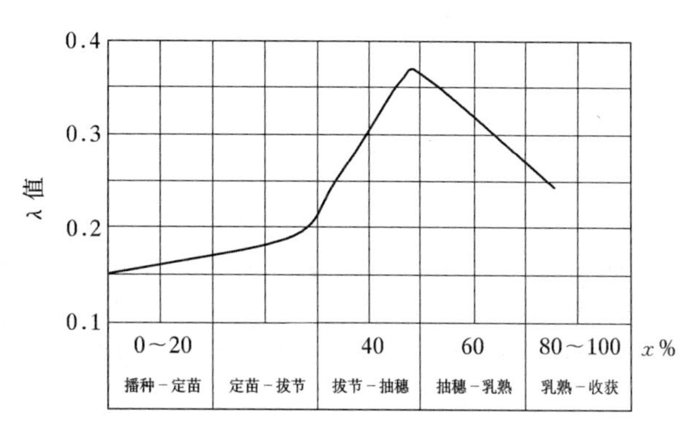

图 6－3 玉米各生育阶段 λ—x%关系图

由图 6－3 可以看出，玉米在拔节以前，作物产量对土壤水分亏缺反应的敏感度较低，所以 λ 的数值较小，且上升缓慢，抽穗—乳熟阶段的敏感度指数 λ 值最高，进入乳熟期后，敏感度指数 λ 又逐渐下降。上述由试验资料分析得到的 λ 变化过程以及玉米的各生育阶段对水分要求与果实形成的环境条件基本是一致的。因为玉米在开花受精过程中，如果土壤水分亏缺，即使雄穗已抽出，但花粉容易丧失生活力，雌穗花丝也不易吐出。如果已吐出花丝，也易枯萎。干旱还会使雄花和雌花出现的间隔时间加长（一般雌穗抽花丝时间比雄穗开花时间晚 2～5 天），因而严重影响受精并降低结实率。所以在抽穗期以前 10 天和以后 20 天左右的时期是玉米需水的临界期。如果这时期缺水受旱，对产量会造成严重影响。从玉米缺水试验的分析数据中可看到，该时期水分亏缺后敏感度指数最高平均在 0.3 以上，这是符合作物需水的生物学特性的。另据引黄灌区玉米灌溉实践表明，玉米如果在抽穗前后缺水，则对产量影响最大，一般要减产 40%～60%左右。所以，从宏观分析，其趋势是合理的。但是在不同地区不同年份，或不同农业技术措施的情况下，λ 值是否稳定，或应作何修正和改进，还有待于进行更多的试验和证实。对于其他作物，也应开展这方面的试验研究工作，以便找出土壤水分亏缺和产量的变化规律。根据这个规律，还可在水资源不足地区，指导群众对作物进行不充分灌溉，以取得灌溉水的最大经济效益。

根据公式即可计算不同用水量情况下的作物产量或其总产值。

由于我国的降雨量及相应的灌溉制度年际变化较大，所以在以损失函数为依据计算灌溉工程的逐年效益时，灌区各种作物的灌溉制度及损失函数应针对湿润年、中等年、中等干旱年、干旱年、特大干旱年等不同水文年度来试验确定，以便适应灌溉用水的变动情况。但一般来说，为了简化计算灌溉工程的效益，常以多年平均产量作为计算的依据。

二、灌溉效益的分摊

上面已经指出，在大多数情况下，农业增产的效益是水利和农业技术措施的综合结果。因为“水利”和“农业”对作物增产起着相互影响、共同促进的作用，它是一个生物学的过程，并不是简单的叠加关系，“水利”或“农业”的单独作用是难以达到高产目的的。没有水利条件，很多农业措施就不能发挥作用，农民也就不会选择需要水、肥较多的丰产品种，一般也不施追肥。但是，仅有水利措施，当农业技术措施和作物产量稳定在一定水平后，再要进一步较大幅度地提高产量就比较困难。这时必须要有相应的农业措施配合。当灌区开发前后，在农业技术措施基本不变或灌区产量水平还较低的情况下，灌溉工程的增产效益是可以全部算为水利增产效益的。在农业技术措施和产量水平比灌溉工程兴建前有较大幅度提高的情况下，就应有一部分增产效益算在农业技术措施的账上。因此，灌溉效益必须进行分摊。一般可采取下列方法计算效益的分摊。

1. 设置专门的效益分摊试验

在灌溉试验站选择土壤和水文地质条件均匀一致的试验区，分成若干小区进行对比试验。其试验处理可按下列设计安排：

（1）不进行灌水，采取一般水平的农业技术措施。

（2）进行一般水平的灌水，采取一般水平的农业技术措施。

（3）进行一般水平的灌水，采取较高水平的农业技术措施。

（4）进行较高水平的灌水，采取较高水平的农业技术措施。

在进行试验时，对一般水平的农业技术措施，应选择在当地具有代表性的作物品种；对较高水平的农业技术措施，则可选择优良的作物品种。在试验过程中，除进行常规的土壤水分、灌溉水量和作物生态和气象因素等观测以外，同时要详细记录采取的各项农业技术措施，如施肥、治虫、中耕、田间管理等，并具体计算出各项措施的投入量，并折算成费用。此外，还应统计各种处理的作物产量，包括其副产品产量。

根据试验观测的结果，即可进行效益分摊计算。一种情况是根据增加的农业产值来进行分摊，另一种情况是根据投入与产出分析来计算分摊系数。例如，以（1）、（2）两个处理进行对比，即可求出灌溉（一般水平）的增产效益，以（2）、（3）两个处理进行对比，则主要是农业措施的增产效益；以（3）、（4）两个处理相对比，应是灌溉起主要增产作用；以（2）、（4）两个处理相对比，是不同水平的水利、农业措施对农业产量的综合作用结果等。必须指出，由于各地的情况有很大差异，上述列举的试验处理仅是一般的原则。具体的设计处理，各地应从实际出发研究确定。

2. 根据调查资料分析确定

在没有条件进行试验的地区，或因时间不允许，也可以进行实地调查，收集有关数据，研究分析确定效益分摊系数。一般来说，在灌溉工程修建以前的几年，当时的农作物产量主要是农业技术措施的作用，这可以通过实地调查而取得。灌溉工程兴建以后，由于用水得到了一定程度的保证，农作物产量会出现一个明显的增长，而农业技术措施一般还来不及有多大的改进，因此，可以认为这一时期的农业增产量主要是水利灌溉的作用。但灌区开发若干年以后，一般的情况下，农业技术措施必然会有相应的变化，如施肥量逐渐增加，为了适应灌溉农业要求，田间管理工作量也随之增加等。这一时期，农业的增产就应是水利和农业共同作用的综合结果，其增产效益就必须进行分摊。但这种农业增产局面，稳定一个时期以后，如果在农业技术或水利措施上没有较大的变革，要继续大幅地增加农作物的产量往往是不可能的。在实地调查中，如果发现有较大幅度的增产，就要分析其原因，计算其投入。例如，我国南方有些灌区，用水基本上得以保证，农业技术措施也维持在一定水平，但农业产量一直徘徊在亩产 500kg 左右的水平，没有较大的突破。试验和调查证明，主要是由于地下水位的逐年上升，影响了作物生长，特别是棉、麦、绿肥的产量。而近些年来江苏省的农业产量却有很大幅度的持续增长，出现很多吨粮田。其主要原因是在农业上采取了先进技术措施，在水利上不断完善灌排设施，特别是发展了地下排水，降低了地下水位，使三麦产量显著提高。这充分说明了水利和农业对增产的综合作用，以及其间的相互制约关系。

根据调查资料，就可以进行分析计算增产效益的分摊。例如，辽宁水利勘测设计院，从大洼和温香灌区的实际调查资料出发，分析了水稻产量与生育期降雨频率的相关关系，把水和农业措施的变化划分为四个阶段。第一阶段（1949～1962年），水利和农业生产水平不高，水稻产量在较大程度上仍受降雨量多少的影响，平均产量约177.6kg/亩。第二阶段（1963～1970年），由于水利和农业技术措施都有一定程度的提高，水稻平均亩产达204.2kg，认为是两者共同作用的综合效益。但从降雨量与水稻产量的关系来看，水稻的产量在一定程度上仍受降雨量多少的影响，这说明灌溉设施还不够完善。第三阶段（1971～1977年），农业投资增加不多，但由于水利灌溉措施又有发展和提高，水稻产量已不受降雨量多少的影响，亩产达到了352.2kg，因此，认为主要是灌溉的作用。第四阶段，（1978～1982年），水利措施没有多大变化，而农业措施则有重大发展，投资也显著增加，水稻亩产达530kg，所以，认为这一阶段的农业技术措施是促进增产的主要作用。根据这些调查数据，将第一阶段的水稻产量作为基数，对比第三阶段的产量作为以水利为主的增产效益；对比第四阶段的增产量作为农业和水利措施综合作用的结果，计算的灌溉效益分摊系数ε为

$$\varepsilon=\frac{352.2-177.6}{53.0-177.6}=0.5$$

必须指出，各地的水利、农业技术和气象条件有很大差异，在进行调查研究时应根据具体的历史资料划分阶段，进行分析研究。

原武汉水利电力学院对韶山灌区作了类似的调查研究，根据20年（1965～1984年）的降雨量和水稻产量资料，分析得到的灌溉效益分摊系数ε＝0.5180。

3. 扣除生产费用法

旱作农业的农业技术措施与灌溉农业的农业技术措施有很大差异，在农业生产上的投资也有很大差别。因此，可以调查统计发展灌溉以后为采取相应的农业技术措施所增加的生产费用（包括种籽、肥料、植保、田间管理等），并考虑合理的报酬率后，从农业增产的总毛效益中扣除，余下部分即可作为灌溉措施所提供的效益。

三、效益计算中的价格问题

上述灌溉效益的计算，还涉及到农产品的价格问题。计算采取的价格是否合理，对灌溉效益的影响较大。与计算有关的价格主要有以下几种：

（1）理论价格。实际上是商品的价值，它可分为两个部分。一是消耗的物质资料转移到商品上去的价值，也称为在生产过程中的物化劳动消耗，以C来表示；二是劳动者在生产过程中所创造的新价值，或者说是活劳动所创造的价值。这一部分价值又可分为两个部分：一部分是劳动者为自己所创造的价值，以V表示；另一部分是劳动者为社会创造的价值，以m表示。所以商品的价值实际上由$C+V+m$三部分组成。价值是形成价格的基础，理论价格＝单位产品的必要成本（$C+V$）＋单位产品的利润（m）。因此，理论价格主要决定于所需消耗的必要社会劳动量以及利润的大小。但在我国目前情况下，农产品的价格往往与价值（理论价格）偏离较大，致使灌溉效益按现行价格计算，其结果往往偏小。

（2）市场价格。市场价格受市场供求规律的制约，围绕理论价格而上下浮动，价格的种类繁多，变化也很大。按照我国社会主义统一市场的组织原则，可分为社会主义市场价

格和城乡集市贸易价格两大类。社会主义市场价格又分为计划价格和自由议价。计划价格还可分为固定价格和浮动价格。固定价格还可再分为基本价和奖售价、一般价和最低收购价以及最高销售价等。与计算灌溉效益关系最大的农产品价格的确定，主要是农产品的收购价格。

收购价格必须高于农产品的生产成本，使农业生产者能维持和扩大再生产，同时也要考虑到农产品经营者和国家的收益。

（3）国际市场价格。指商品在国际市场上的买价和卖价，它是以商品价值为基础，随着供求关系的变化而上下波动，在国际贸易中一般以商品国际市场价格为准。

根据我国当前的实际情况，在计算排灌工程的经济效益时，对农产品的价格，可以根据不同情况分别确定。如对产品调出地区，建议采用国家现行的超购价格（超购价格=1.5×现行收购价格）；对农产品调入地区，用于自给的部分，采用国家调运到该地区的农产品成本。超过自给的部分，采用国家现行的超购价格。

（4）影子价格。从经济学观点来看，认为现行的各种价格是难以确切衡量效益和费用的。因此，人们从理论上去探索一种价格，使它能够比较确切地反映社会的效益和费用。这种价格是在社会最优的生产组织情况下，供需达到平衡时的产品（或某种资源）的价格，定名为影子价格（Shadow Price），或称最优价格。影子价格不是固定的常数，它随着经济结构供需关系的变化而变化。从理论上说，影子价格可以通过数学规划方法计算，但当目标函数和约束条件一有变化时，影子价格也随之改变。所以，影子价格一般很难计算，通常只好由政府来确定。以石油为例，石油是一种外贸产品，其影子价格就要以国际市场价格为起点进行分析确定。它要根据资源的稀缺或剩余，计算在国内市场的销售量及其内销的经济效益，并分析国际市场需求及考虑交通运输条件等，得出以多少产量作为对外贸易，才能在总体上取得最优的经济效益。又如苏丹向英国出口拉哈德灌溉工程生产的棉花，1980年籽棉市场价格为84.625苏丹磅/t，经加工、运输后到港口的棉绒离岸价格为229.683苏丹磅/t，棉籽为30.126苏丹磅/t。当时苏丹对美元的官方汇价为1∶2.872，由于苏丹政府的外汇补贴为10%，影子外汇率为2.872/1.1=2.611。按此求得的棉绒影子价格为229.683×2.611=599.7美元/t，棉籽为78.66美元/t。对进口产品，则可用到岸价格和影子外汇率计算其影子价格。

例如，某种型号的进口彩电到岸价格为每台250美元，在财务分析中，采用官方汇率3.2元=1美元，则彩电的价格为800元；在经济分析中，若采用的影子外汇率为4.2元=1美元，则从国家观点每台彩电的影子价格为1050元。对于非出口产品，可以市场价格乘以规定的换算系数求出影子价格。

总之，影子价格可作为改善经营管理的一种手段，为决策者提供有关信息，以便选择合乎最优方案要求的行动方针。因此，研究影子价格有重要意义。

第二节　灌溉工程经济评价实例

一、概述

本工程是解决湖西地区旱、涝灾害，改善农业生产条件，确保粮棉高产稳产，提高农民生活水平的中型灌溉工程。

湖西地区位于江苏省高邮县境内，东北面临高邮湖，东南与邵伯湖相邻，湖东有京杭大运河，两湖均为淮河入江水道行洪湖泊。

湖西包括菱塘、天山、送驾和郭集 4 乡，总面积 179km^2，耕地面积 16.5 万亩，西北较高，东南低洼，土质粘重肥沃，气候适宜，是江苏粮食高产区。但多年来淮河上、中游来水量不足，高邮湖水位逐年下降，尤其在灌溉用水期间，湖水位偏低，严重影响向阳河两岸 4 乡的农田灌溉，致使 6.5 万亩农田因缺水或多雨成灾而欠收或绝产，所以整治向阳河工程，是确保农业高产稳产的重要措施。

向阳河全长 26.6km，分中段（南北方向）、南段横支（东西方向）与北段横支（东西方向）三段，成“工”字形，沟通 4 乡水系，是灌溉、排水和农船航行的骨干河道之一。

整治向阳河工程分三个阶段。第一阶段，1978 年对中段进行整治，将送驾乡的丰收闸至早兵坝闸河段裁弯取直，疏浚，连通高邮湖，在湖水位偏低时能引水灌溉，治理河长 5.91km。第二阶段，1979 年对南段横支进行治理，将天山乡的红星南圩至郭集乡的红旗坝河段，裁弯取直，疏浚，与邵伯湖相通（尚未连通），干旱年可引邵伯湖水灌溉，治理河长 12.8km。第三阶段，1880～1882 年，开挖北段西横支，连通菱塘乡的卫东闸和五里桥，长 20km，向阳河工程历时 5 年全部完工。

本实例的任务是对已建工程进行经济复算。

二、基础数据

本工程已建成多年，国家投资占总投资的 16%，属于民办公助。经济评价的基础数据，主要来自调查，部分来自文字记载，建成后没有统一管理机构，各乡有 3 名专职管理人员，没有财务收入。

1. 工程投资

工程投资包括主干工程和配套工程投资，为节省篇幅，省去概预算详表，只列投资进程数据。

（1）主干工程投资，由国家、集体、群众三部分投资组成，按实际支出资料统计，其中民工工资原按 0.45 元/（工日）补助，调整为 2.3 元/（工日），补齐部分列入群众投资；第三阶段国家投资 1982 年才拨款，实际资料为逐年借款支付，应按 3 年平均统计，见表 6－4。

表 6－4　　主干工程投资　　单位：万元

项目	国家投资	集体投资	群众投资	合计
第一阶段工程 1978 年	28.4016	4.095	61.0551	93.5517
第二阶段工程 1979 年	35.5984	3.170	86.1934	124.9618
第三阶段工程 1980～1982 年	20.0000	0.525	69.7523	90.2773
合计	84.0000	7.790	217.0008	308.7908

（2）田间配套工程投资，全部为农民自筹资金，自出劳力，在骨干工程开工前完成了田间配套工程，调查统计 4 乡田间配套工程投资，见表 6－5。

表 6-5　　田间配套工程投资　　单位：万元

项目	菱塘乡	天山乡	送驾乡	郭集乡	合计
配套面积（万亩）	1.8525	1.33	3.6951	3.665	10.5426
投资	71.877	50.9789	170.0048	120.3074	423.0681

由表 6-2 资料，得 4 乡田间配套工程单位面积平均投资为 40.13 元/亩，本工程配套面积为 6.5 万亩，故投资为 260.845 万元，时间是 1978 年年初。

将以上投资汇总列入表 6-6。

表 6-6　　工程总投资进程表　　单位：万元

年度（年）	1978	1979	1980	1981	1982
主干工程投资	93.5517	124.9618	30.0924	30.0925	30.0924
配套工程投资	260.845	0.0	0.0	0.0	0.0
合计	354.3967	124.9618	30.0924	30.0925	30.0924

2. 年运行费

年运行费包括各乡专职管理人员的费用和清淤维修费用。

(1) 专职管理人员支出。按每乡 3 人，每人每年 2225 元，由县政府财政拨款，计 2.67 万元。

(2) 清淤维护费。根据本工程运行的实际，参照同类工程资料，每年需 20000 个劳动日，按 2.3 元/（工日）计算，计 4.6 万元。

(3) 建设期年运行费。按达到设计灌溉面积比例的近似值计算，见表 6-7。

表 6-7　　年运行费流程

年　序	建设期				运行期	
	1979	1980	1981	1982	1983	1984
灌溉面积（万亩）	2.5	3.2	4.0	5.0	5.0	6.5
占设计比例的近似值（100%）	40	50	50	75	75	100
年运行费（万元）	2.908	3.635	4.362	5.4525	5.4525	210.83

3. 灌溉效益

本例采用下式计算

$$B=\varepsilon\left[\sum_{i=1}^{k}A_i(\overline{y}_{后i}-\overline{y}_{前i})V_i+\sum_{i=1}^{k}A_i(\overline{y}'_{后i}-\overline{y}'_{前i})V'_i\right]$$

式中　B——灌区多年平均灌溉效益；

ε——灌区效益综合分摊系数；

A_i——灌区第 i 种作物种植面积，作物共有 k 种；

$\overline{y}_{前i}$、$\overline{y}_{后i}$——灌溉工程修建前、后 i 种作物多年平均单产；

$\overline{y'}_{前i}$、$\overline{y'}_{后i}$——灌溉工程修建前、后 i 种作物副产品多年平均单产；

V_i、V'_i——第 i 种作物主、副产品单价。

因此需要下面资料：

(1) 湖西四乡历年单产统计表（表6-8）。表6-8未列出棉花年单产，由调查资料统计，修建工程前棉花平均单产12.5kg/亩，1979～1990年棉花平均单产30kg/亩，均为皮棉。

表6-8 **湖西四乡历年单产统计表** 单位：kg/亩

年份	水稻				小麦			
	菱塘乡	送驾乡	郭集乡	天山乡	菱塘乡	送驾乡	郭集乡	天山乡
1962	100	104.5	101	100	75	74	75	73
1963	90	92.5	92.5	90	70	70.5	72.5	69
1964	100	101	100	105.5	75	74	76	72.5
1965	174.5	141	165.5	150	80	79	81	77.5
1966	175	170	169	165	82.5	80	84	80
1967	245	223.5	234.5	239	89	87.5	89.5	82.5
1968	271	229.5	260	250	92	89.5	89	85
1969	275	240	235	245	93	90	90	87.5
1970	325	255.5	306.5	275	96.5	95	98	91.5
1971	304	268	294	290	96	94	98	92.5
1972	344	232	330.5	300	97.5	95	96.5	93
1973	266.5	246	268.5	247.5	91	90	91	90
1974	287.5	254.5	279	280	92.5	89	91	87.5
1975	315.5	263	301.5	290	95	92.5	94	92.5
1976	316	265	300	275	95	93	94	92.5
1977	102.5	102	100	100	90	87.5	87	87
1978	180	177	172.5	176	125	97.5	100	97.5
1979	340	325	315	310	140	125	115	135
1980	350	330	325	325	150	150	140	140
1981	375	350	345	340	175	155	165	150
1982	400	375	360	365	200	190	180	185
1983	432.5	416.5	427.5	408.5	232.5	225	230	227.5
1984	451	432.5	435	427.5	251	250	251	250
1985	451	432.5	435	427.5	251	250	251	250
1986	451	432.5	435	427.5	251	250	251	250
1987	451	432.5	435	427.5	251	250	251	250
1988	451	432.5	435	427.5	251	250	251	250
1989	451	432.5	435	427.5	251	250	251	250
1990	451	432.5	435	427.5	251	250	251	250

由表6-8的1962～1978年数据，可求得修建工程前多年平均单产，根据调查的主副产品量比，可得主副产品多年平均单产，见表6-9。

由表6-8的1979～1990年数据，可得灌溉工程完工后作物各年单产，见表6-10。

表6-9　　灌溉前作物主副产品平均单产　　单位：kg/亩

作物	主产品产量			主、副产品量比			副产品产量		
	稻谷	小麦	棉花	稻谷	小麦	棉花	稻谷	小麦	棉花
单产	214.5	87.75	12.5	1∶1	1∶1.5	1∶5	214.5	131.63	62.5

表6-10　　灌溉后历年作物单产　　单位：kg/亩

年份	水稻	小麦	棉花	年份	水稻	小麦	棉花
1979	322.5	128.75	30	1985	436.5	250.5	30
1980	332.5	145.95	30	1986	436.5	250.5	30
1981	352.5	161.25	30	1987	436.5	250.5	30
1982	375.5	188.75	30	1988	436.5	250.5	30
1983	421.25	228.75	30	1989	436.5	250.5	30
1984	436.5	250.5	30	1990	436.5	250.5	30

从1984～1990年的数据看，水稻、小麦、棉花单产连续7年保持不变，故可假设从1991年到运行期结束，农作物产量不变，可简化计算。如果产量发生变化，有可能是由灌溉因素引起的，与灌溉效益关系不大，可以不予考虑。

（2）湖西地区以水稻、小麦、棉花为主，本工程1978年开工，1979年开始受益，受益面积逐年增加，1984年达到设计标准，种植结构也随着发生变化，1984年以后，基本稳定。复种指数为1.5。数据变化见表6-11。

表6-11　　灌溉面积种植结构统计

年份	灌溉面积（万亩）	作物种植面积比（%）			说明
		水稻	小麦	棉花	
1979	2.5	20	70	10	1984年以后，灌溉面积不变，种植结构不变。
1980	3.2	20	70	10	
1981	4.0	20	70	10	
1982	5.0	20	70	10	
1983	5.0	70	20	10	
1984	6.5	70	20	10	

（3）灌溉效益分摊系数。本灌区无试验资料，采用邻近类似灌区的试验资料，见表6-12。

表 6-12　　灌溉效益分摊系数

分　类	灌溉前后均种水稻	灌溉前后均种麦棉	灌溉后由麦改稻
分摊系数	0.33	0.20	0.50

根据表 6-11 与表 6-12 数据，可计算综合分摊系数。设 1979～1982 年灌溉效益综合分摊系数为 ε_1，1983 年以后综合分摊系数为 ε_2，则

$$\varepsilon_1=0.33\times0.2+0.2\times0.8=0.226$$

$$\varepsilon_2=0.33\times0.2+0.3\times0.2+0.5\times0.5=0.376$$

(4) 作物主副产品价格，为与投资采用价格一致，农作物主产品按国家 1979 年收购价格，副产品按当时市场价格，均不作调整，见表 6-13。

表 6-13　　农作物主副产品价格　　单位：元/kg

品　名	水稻	小麦	棉花	稻草	麦草	棉秸
价　格	0.36	0.42	5.0	0.02	0.03	0.06

(5) 灌溉工程效益计算，根据以上 (1) ～ (4) 项数据，可计算逐年效益，以 1979、1983、1984 三年为例。

$$\begin{aligned}1979\text{年灌溉效益}=&[(322.5-214.5)\times2.5\times0.2\times1.5\times(0.36+0.02)\\&+(128.75-87.75)\times2.5\times0.7\times1.5\times(0.42+1.5\times0.03)\\&+(30.78-12.5)\times2.5\times0.1\times1.5\times(5.0+0.06\times5)]\times0.226\\=&[30.78+50.046+34.781]\times0.226\\=&26.13(\text{万元})\end{aligned}$$

$$\begin{aligned}1983\text{年灌溉效益}=&[(421.25-214.5)\times5.0\times0.7\times1.5\times(0.36+0.02)\\&+(228.75-87.75)\times5.0\times0.2\times1.5\times(0.42+1.5\times0.03)\\&+(30-12.5)\times5.0\times0.1\times1.5\times(5.0+0.06\times5)]\times0.376\\=&[412.466+98.348+69.563]\times0.376\\=&218.22(\text{万元})\end{aligned}$$

$$\begin{aligned}1984\text{年灌溉效益}=&(222\times6.5\times0.7\times1.5\times0.38+162.75\times6.5\times0.2\\&\times1.5\times0.465\times17.5\times6.5\times0.1\times1.5\times5.3)\times0.376\\=&305.97(\text{万元})\end{aligned}$$

依次可得表 6-14 数据。

表 6-14　　灌溉效益流程　　单位：万元

年份	效益	年份	效益
1979	26.13	1982	92.12
1980	50.01	1983	218.22
1981	59.24	1984	305.97

4. *治涝效益*

本工程建成后，遇旱可引湖水灌溉，遇涝可排除积水，多年平均治涝效益可根据相应

的资料，采用涝灾、雨量、雨量频率合轴相关法，计算过程略。从1983年开始发挥治涝效益，经计算，多年平均治涝效益为135.63万元，该效益在运行期不变。

三、国民经济评价

1. 评价有关数据

(1) 社会折现率 $I_s=7\%$。

(2) 基准年采用开工第一年的年初，即1978年初。

(3) 建设期5年，1978～1982年。

(4) 运行期，从工程完工达到设计标准起，运行30年，即1983～2012年。

(5) 现金流量时点，本例基本建设投资取年初，年运行费和效益均取年末。

2. 编制经济现金流量表（表6-15）

表6-15 国民经济现金流量表 单位：万元

年序		建设期						运行期		合计	现值	
		0	1	2	3	4	5	6	7～15		I	金额
现金流入	效益			26.13	50.01	59.24	92.12	353.85	441.6×29	13387.75	7% 25% 30%	4022.96 651.80 461.97
现金流出	固定资产投资	354.3967	124.9618	30.0924	30.0925	30.0924				569.6358	7% 25% 30%	544.99 501.36 492.56
	年运行费			2.908	3.635	4.362	5.4525	5.4525	7.27×29	232.64	7% 25% 30%	75.83 16.34 12.52

计算经济内部收益率、经济净现值、经济效益费用比等评价指标：

$$经济内部收益率\ EIRR=25\%+\frac{|134.1|}{|134.1|+|-43.11|}\times(30\%-25\%)=28.7\%$$

$$经济净现值\ ENPV=4022.95-544.99-75.83=3402.13(万元)$$

$$经济效益费用比=\frac{4022.95}{544.99+75.83}=6.48$$

3. 敏感性分析

设投资增加15%，效益减少15%，投资增加15%的同时效益减少15%，计算经济内部收益率，见表6-16。

表6-16 敏感性分析

不确定因素变化	预估值	投资增加15%	效益减少15%	投资增加15% 效益减少15%
EIRR	28.78%	25.82%	26.22%	24.22%

四、结论

本工程主要是引湖水自流灌溉，出现过量降雨又有排涝效益，经济效益很高，经济内部收益率高达28.78%，在投资增加15%与效益减少15%的情况同时出现时，经济内部收益率仍高达24.22%，证明兴建此工程的投资决策是合理的。

本工程为民办公助，尚未征收水费，运行费的一部分尚需国家补贴，为了更好地发挥工程效益，应遵循国家有关政策，改善经营管理，改变目前状况。

第七章 排水工程评价

第一节 排水工程效益

一、排水工程的特点及其治理标准

（一）涝沥灾害

农作物正常生长时，地下水位过高或地面积水时间过长，土壤中水分接近或达到饱和时间超过了作物生长期所能忍耐的限度，必将造成作物的减产或萎缩死亡，这就是涝沥灾害。因此搞好排水系统，提高土壤调蓄能力，也是保证农业增产的基本措施。

排水（以往多称治涝、排涝或除涝）的含义比较广泛，其内容视不同地区而异。在我国北方地区或南方沿江滨湖低洼地区，往往因暴雨而造成农田表面积水过深，淹没时间过长，导致农作物的减产或失收，一般称之为涝灾。大部分地区在发生涝灾的同时，会引起地下水位上升，在北方地下水矿化度高的地区，又会引起土壤盐碱化。盐碱化是指土壤中含有危害作物生长的水溶性盐类或土壤胶体上吸附有较多的代换性钠，这些盐分主要随水分而运动，当地下水埋深较小时，溶解在水中的盐分随着水分的蒸发逐渐积累在表层，从而影响作物生长，甚至使作物不能生长。在南方地区，地下水的含盐量小，一般不存在土壤盐碱化问题。但若内涝积水时间过长，引起地下水位升高并持续保持在较高水位，使作物生长的根系层中含水过多，空气过少，从而抑制作物生长，也会导致减产或死亡，一般则称之为渍灾。特别在南方平原及低洼地区，如果缺乏完善的排水系统，即使没有形成涝灾，也会因地下水位升高，土壤中含水量过多而产生渍害。在长期种植水稻的地区，由于用水量大，地下水位较高，或因田面以下犁底层的形成，阻滞雨后土壤中水分的排泄也都会引起渍灾，从而影响水稻特别是稻后旱作的正常生长。在农业生产中，做好排水工作不仅有除涝作用，同时还有降低地下水位，防止渍害或土壤盐碱化的作用。因此必须坚持洪、涝、渍、旱、碱综合治理，保证农业高产稳产。

（二）排水工程特点

排水治涝必须采取一定的工程治理措施。排水工程体系主要由排水治理区的内部田间排水网系、治理区外部的承纳所排涝水的承泄区及排水枢纽三大部分组成，其中排水网系由农沟及以下的田间沟道组成。农田中由于暴雨产生的多余地面水和地下水，通过田间排水网的明沟、暗管和竖井等工程汇集于农沟，经斗、支、干沟等各级排水沟渠和排水枢纽排泄到承泄区内。在盐碱化地区，要降低地下水位至土壤不返盐的临界深度以下，达到改良盐碱地和防止次生盐碱化的要求。在渍灾易发地区，要降低地下水位至作物生长根系层的下层，才能增加土壤中空气量，有利于作物生长。因此，控制地下水位（地下水埋藏深度）是主要的治理措施之一。

排水工程与发电、灌溉、供水等兴利工程不一样，它和防洪工程均属除害性质，其工程效益主要指工程所能减免的灾害损失，即工程建成前后对比，其减少的多年平均涝渍灾害损失。排水工程效益有以下特点：

（1）修建排水工程后，可以减免大雨年份涝灾的损失，涝灾损失和洪灾不同，它以农产品减产为主，房屋设施等财产的损失为次。涝灾的大小和暴雨发生季节、雨量、降雨强度、积涝水深、积水历时、农作物耐淹能力以及承泄区水位高低等因素有很大关系。

（2）排水工程效益与涝区自然条件、生产水平关系较大。自然条件较好、生产水平较高的地区，农业产量高、产值高，受涝时损失就大，排水工程效益也大；反之，原来条件较差、农业基础薄弱的地区，农产品产值低，工程建成后，若短期内农业生产等其他条件仍然上不去，排水工程效益也小。

（3）单一排水工程只能解决作物的稳产，要使农业高产必须辅以灌溉及其他农业技术措施，所以排水工程应作为各地区综合治理措施之一，统筹安排，才能取得较好的综合效益。

（4）排水工程效益主要表现在排水治理区农业增产、农民增收上，只体现出国民经济效益，因此排水工程没有财务效益。

（三）治理标准

修建排水工程，减免涝、渍、碱灾害，首先要确定治理标准。合理的治理标准，应先满足减免涝、渍、盐碱灾害的技术要求，其次考虑标准的经济合理性问题。

不同作物有不同的耐涝、耐渍、耐盐允许值，因此进行排水工程设计时，必须根据涝区的地形地质、土壤性质、水文气象、作物品种、涝灾情况等，合理确定工程治理任务、选择治理标准。现分述于下。

1. 排水标准

排水工程设计，必须根据遇旱有水、遇涝排水、减免渍害或改良土壤，达到农业高产稳定的要求。考虑涝区的环境条件、涝灾情况、现有治理措施等因素，正确处理大中小、近远期、上下游、泄与蓄、自排与抽排以及工程措施与其他措施等关系，合理地确定工程排涝任务，正确选择排涝标准。《水利水电工程水利动能设计规范》中规定：排涝设计标准一般应以涝区发生一定重现期的暴雨而不受灾为准，重现期一般采用5～10年。农业生产条件较好的地区或有特殊要求的棉粮基地和大城市郊区，可以适当提高标准；条件较差的地区，可采取分期提高的办法。工程设计中除应排除地面涝水外，还应考虑农作物对降低地下水位的要求。

我国各地区降雨特性不同，应根据当地自然条件、涝渍灾害、工程效益等情况进行经济分析，合理选择治理标准。设计排涝天数应根据排水条件和作物不减产的耐淹历时和耐淹深度而定，参阅表7-1。

2. 防渍标准

防渍标准是要求地下水位在降雨后一定时间内下降到作物的耐淹深度以下。作物耐渍地下水深度，因气候、土壤、作物品种、不同生长期而不同，应根据实验资料而定。缺乏资料时可参阅表7-2。

表7-1　几种旱作物耐淹历时及耐淹水深表

作物	小麦	棉花	玉米	高粱	大豆	甘薯
耐淹时间（d）	1	1～2	1～2	5～10	2～3	2～3
耐淹水深（cm）	10	5～10	8～12	30	10	10

表7-2　几种旱作物耐渍时间及耐渍地下水深度表

作物	小麦	棉花	玉米	高粱	大豆	甘薯
耐渍时间（d）	8～12	3～4	3～4	12～15	10～12	7～8
耐渍地下水深度（m）	1.0～1.2	1.0～1.2	1.0～1.2	0.8～1.0	0.8～1.0	0.8～1.0

3. 防碱标准

治理盐碱措施可分为农业、水利、化学等改良措施。水利措施主要是建立良好的排水系统，控制地下水位。由于土壤脱盐和积盐与地下水埋藏深度有着密切关系，在一定的自然条件和农业技术措施条件下，为保证土壤不产生盐碱化和作物不受盐害所要求保持的地下水最小埋藏深度，即不使土壤反盐的地下水深度，常被称为地下水临界深度。其大小与土壤性质、水文气象、地下水矿化度、灌溉排水条件和农业技术措施（耕作、施肥等）有关。利用水利措施防止土壤盐碱化的标准是应控制地下水位，即地下水的临界深度。各地环境、生产条件不同，地下水临界深度也不同，应根据实际调查和观测资料确定。有关灌区地下水临界深度，可参阅表7-3。

表7-3　若干灌区地下水临界深度表

地区（灌区）	河南人民胜利灌区	河北深县	鲁北	山东打渔张	陕西人民引洛灌区	新疆沙井子
土壤性质	中壤土	轻壤土	轻壤土	壤土	壤土	砂壤土
地下水矿化度（g/L）	2～5	3～5	3	1	1	10
临界深度（m）	1.7～2.0	2.1～2.3	1.8～2.0	2.0～2.4	1.8～2.0	2.0

总之，排水工程设计中，在技术可行的前提下选择合理的治理标准实际上是一个经济比较问题。应根据地形特点、自然环境、生产条件、经济水平、国民经济发展规划和经济分析指标，通过经济比较、科学论证来选定。工程标准高，工程量大，投资也大，相应的工程效益也就高；反之，工程效益也就小。目前，排水工程设计标准有三种方法：①同频率法，即田间工程的干、支沟和骨干河道采用相同的设计标准；②干小支大法，即骨干河道治理标准比干、支沟渠治理标准低。例如，某些地区采用

干三支五法，即骨干河道按3年一遇标准治理，干、支沟渠按5年一遇标准；③实际年型法，即按某一个实际年型的降雨分布来治理河道，降雨量大的地区，治理标准高；降雨量小的地区，治理标准低。

二、排水工程的投资和年运行费

对于拟建工程依据排水标准进行规划设计，测算工程投资和年运行费。

1. 工程投资计算

排水工程投资，应包括使排水工程能够充分发挥设计效益的全部项目的主体工程和配套工程所需的投资。通常包括由最末一级固定排水沟开始，算至干沟和主干河道的费用，再加上承泄区建设的有关费用。总之，要包括整个治理工程建设的所需材料、燃料、器材、设备、土方建筑物、工资、占用土地、赔偿移民迁建、施工管理、勘测设计以及不可预见费等，要做到不遗漏，也不重复。主体工程一般为国家基建工程，例如，主干排水渠、骨干河道、容泄区以及有关的工程设施和建筑物等；配套工程包括各级排水沟渠及田间工程等，均为集体筹资、群众投劳或以集体为主、国家补助修建的工程，应分别计算投资。对于支渠以下及田间配套工程的投资，一般有两种计算方法：①根据主体工程设计资料及施工记载，对附属工程进行投资估算；当有较细项目的基建投资或各乡（镇）村的用工、用料记载的，则可进行统计分析计算；②利用资料，通过典型区计算，再采用扩大指标的方法进行投资估算。例如，河北省的南良县运东滨海区、曲周县典型区（漳河泛滥的低洼冲积平原）的配套工程量的统计资料，可供参阅（土方量：71.5～35.4m^3/亩，混凝土：0.0369～0.0422m^3/亩，砌石：0.2135～0.0468m^3/亩，水泥：0.0316～0.0164 t/亩）。集体投工、投料均按核算定额统计分析，基建工程和群众性工程中的劳务支出，亦应按定额标准换算修正。基建工程和群众性工程的计算精度和水平要求应该一致，以便比较。排水工程是直接为农业生产服务的排水渠系，所占农田应列入基建工程赔偿费中。具体操作中可根据规划设计概（预）算按影子价格调整计算。

2. 年运行费测算

排水工程年运行费，是保证该工程正常运行每年所需的经常性费用开支，其中包括定期大修费、河道清淤费、维修费、材料费、燃料动力费、生产行政管理费、工作人员工资等。

由于排水工程涉及面广、工程的公益性质以及工程的管理和维护的群众性特点，加上历来人们对水利工程“重建轻管”的思想影响，使不少地方河渠失修、淤积严重，建筑物及设备维护不善，使原有工程治理标准降低，工程寿命缩短，有的排水沟渠由于逐年淤积、管理不善等原因，使用多年后排水能力明显下降，运行10余年就须重新开挖一次，使年运行费用大为增加，大大降低了工程效益。因此，今后必须大力加强治涝工程的管理和维护，做好经常性的维修工作。在排水工程年运行费计算的具体操作中，规划设计阶段可参考有关规程规定，根据工程投资的一定费率进行估算，或参照类似工程并考虑经济发展水平进行测算。

对已建工程进行国民经济评价（工程后评价）时，工程投资可按实际投入统计数据计算，年运行费按历年实际运行成本统计资料求得，并分别按影子价格调整。在计算中，应注意不同时期物价的变化，使投资和年运行费的计算采用同一价格水平，使各年的费用及效益具有可比的统一基础，其费用和效益的基本计算请参阅有关规范。

三、排水工程效益计算

（一）涝灾损失调查分析计算

排水工程具有减灾除害的性质，其工程效益主要表现为对涝、渍、碱灾害的减免程度上。通常以工程兴建前后所减免的涝、渍、碱灾害损失来表示。在计算排水效益时，一般根据修建工程前历年已发生的涝灾损失情况等有关调查资料，估算所减免的灾害损失，来推求修建工程后的排水效益。由于涝、渍、碱灾害损失与暴雨发生季节、暴雨量、积涝水深、积涝历时、地下水埋深、地下水矿化度、土壤性质、作物耐淹能力以及排水系统的流量和容泄区的水位因素有密切关系，因此，在计算排水工程效益时，应作实地调查和实验研究，取得上述这些基本资料后再分析计算。所以，对历史涝灾损失情况等有关调查资料和灾害损失对比实验数据资料进行认真细致的分析研究，是经济分析计算中一项重要的基础工作。涝灾损失主要是农、林、牧、副、渔各业因受灾减产所造成的损失。此外，还包括：①房屋倒塌破坏、禽畜死亡丢失、家具衣物等物资损坏等损失；②水利、交通、电力、通信设施毁坏或中断所造成的损失；③工矿停产、商业停业及其他部门停工等所造成的损失；④政府为排涝救灾所支出的工程抢险、医疗救护、临时安置等费用。上述费用损失中，包括直接损失和间接损失，有的能用实物量或折合成货币价值量来表示，有的不能或难以用实物或货币来表示。

能用实物量或货币量表示的直接损失，包括农产品遭灾的减产损失，受涝引起的房屋倒塌损坏、生产生活资料损失、各种基建工程遭受破坏以及交通电力通信设施毁坏中断等。间接损失包括由于农业减产而导致下年的生产及工业原料不足造成的农、副业和工业损失以及交通运输电力通信中断给其他部门带来的损失等。

不能或难以用实物或货币表示的损失，诸如由于涝灾而引起灾区人民的疾病传染、精神痛苦、生命死亡、社会不安定以及文化教育和生态环境方面的损失等。

1. 涝区灾情和农业减产情况的调查分析

首先，应对社会经济资料和农作物组成、产量、成本等进行调查，然后对历史上受灾年份灾情记录资料进行分析整理。在灾区范围内选择受灾程度不同的几个典型区，对各年降雨的受灾范围、成灾面积、积水深度、淹没历时和农业减产程度进行详细调查，再根据典型区的调查资料估算全灾区的损失。调查的具体内容有以下几个方面。

（1）社会经济和农业情况调查。搜集涝区范围内的行政区划、土地人口、经济发展状况、农业生产条件、历年收益分配、农作物种植结构、组成比例及复种指数、产量（单产、总产）、生产成本、稳产高产农田面积及产量、物价水平、近期农业发展规划及远景预测设想等资料。

（2）地质、水文、气象等资料调查。按历年不同降雨历时，统计区内及边缘雨量站的降雨量、涝区河道各控制站的水位流量等水文资料，同时收集农业区划土壤质地、土壤盐碱化程度、地下水矿化度以及历年地下水埋深、盐碱地面积变化等各种资料，并进行分析整理。

（3）水利工程建设调查。收集调查历年农田基本建设，水利工程建设、管理、运用、维护及河沟淤积测量等资料。

（4）涝、渍、碱灾情调查。搜集历年涝、渍、碱灾害的分布范围、受灾和成灾面积、农作物减产程度，在涝区范围内选择受灾程度不同的几个典型区或对几个有代表性的重点涝灾年作详细调查，如调查成灾的降雨、积水范围和深度、淹没历时、地下水位变化、作物减产程度及受淹减产原因等。还须调查其他灾情如旱灾、风灾、虫灾等，以便在当年灾情减产资料中，扣除其他灾害影响，求得单纯涝灾（或渍灾）的灾情损失资料。

（5）其他财产损失的调查。严重涝灾时，由于降雨大、水量多、积水深、淹没历时长等原因，常造成房屋倒塌毁坏、家具衣物等财产受损、水井坍塌或淤死、水利工程和其他建筑设施遭受破坏等，所有其他财产损失均应进行调查分析。

（6）涝渍灾害成因分析。涝渍灾害的成因十分复杂，它与水文气象、地形地质、土壤性质、农作物种植品种比例及生长季节、降雨量、积水深度、淹没历时、地下水位、水利工程现状及运用管理情况等密切相关。其中最主要的是降雨，短期集中暴雨和长期连续性降雨均能造成灾害。一般治理标准较低、排水条件较差的地区，较大涝渍灾大多是由长期连续性降雨所造成；治涝标准较高、排水条件好的地区，其涝渍灾则大多由短期集中强降雨所形成。其次承泄区外水位过高，受外水位顶托，或地下水位偏高，常使无抽排措施的低洼地区形成严重涝渍灾。还有地形地貌、土壤地质、水利工程现状和运用管理以及其他情况，也是形成涝渍灾的原因。

2. 农业损失值和其他损失值计算

（1）农作物减产损失分析。农作物减产损失一般可用面积、产量、产值和减产率、绝产率等方面指标来表示。其中常用的实物量表达方式有下列三种。

1）绝产面积。由于涝渍灾有轻重程度之分，排水工程兴建后减免的实际成灾面积，并不能确切反映其效益实物量。所以，在实际工作中常用减免的农作物绝产面积来表示排水措施的效益。此法是将调查来的历年实际涝渍成灾面积及减产程度换算为绝产面积，具体可用下式计算：

$$F_c = \sum_{i=1}^{m} f_i q_i + f_c \tag{7-1}$$

式中 F_c——换算的绝产面积；

f_i——减产 q_i 成的受灾面积；

q_i——减产成数，由二成到八成；

m——减产等级数；

f_c——调查的实际绝产面积。

减产成灾程度一般分为轻、中、重灾和绝产四级。如有的地方规定减产二至四成为轻灾，四至六成为中灾，六至八成为重灾，八成以上为绝产。

2）绝产率。这是一个相对指标，它是绝产面积与涝灾调查区内总播种面积的一个比值。用绝产率来表示排水效益，便于在条件类似地区计算时采用。它可用由成灾面积换算得到的绝产面积除以涝灾调查区内总播种面积推求出绝产率。其计算公式为

$$\beta' = \frac{F_c}{F} \times 100\% \tag{7-2}$$

式中 β'——绝产率；

F——调查区内总播种面积；

其余符号意义同前。

3）减产率或减产系数。这是以涝区农作物正常产量（即不受灾情况下的产量）受损失的程度或预测产量与受灾后实际产量之比来表示的一个相对指标，一般用单位面积上的损失率来表示，也可以用涝区总产量的损失百分数来表示。要注意的是，对于同一次涝灾，这两种表示方法的结果是不同的，前者是一数组，后者为一个数值。这是因为整个涝区地形条件不完全一致，受灾程度有差异形成的。所以用单位面积减产率表示，应随地形高程不同而不同，单位面积减产率是一个数组。不过，如果涝区地形非常平坦，土壤肥力也基本一致，则单位面积减产率也可能是一个数，则与涝区总产量减产率相一致。减产率或减产系数计算的一般公式为

$$\beta=\frac{W_o-W_e}{W_o}\times 100\% \tag{7-3}$$

式中 β——减产率或减产系数；

W_o——正常年产量或预测产量；

W_e——受灾后当年实际产量；

其余符号意义同前。

上式经换算可用下式表达：

$$\beta=\text{涝灾面积}\times\text{农作物减产程度}/\text{农作物播种面积}$$

如果采用产值计算时，应包括副产品（如秸秆、棉子等）的产值。

上述三种表达指标也可由试验资料推求，即假定其他因素相同，根据作物受涝与不受涝，受渍与不受渍的对比实验和调查资料，换算得绝产率，或者由此得出产量（或产值）差，进而求出减产率。此法可以排除风、虫、旱等其他因素的影响，其精度较为可靠，但目前这方面的试验资料较少。

（2）农业损失值计算。计算农业损失值，首先应分析农作物组成，既要拟定正常年的作物组成和产量，又要分析预测设计水平年的计划作物组成和产量。正常年系指旱、涝灾害轻微及无其他灾害的偏丰年景的作物组成和产量。根据作物组成和产量，就可求出农业总损失值。即

$$L=\sum_{i=1}^{n}F_i\beta_iW_iP_i \tag{7-4}$$

式中 L——农业总损失值；

F_i——第 i 种作物播种面积；

β_i——第 i 种作物减产系数；

W_i——第 i 种主（副）产品产量，kg/亩；

P_i——第 i 种作物产品的价格，元/kg；

n——作物组成品种数。

（3）其他财产损失值计算。当涝区遇到特大涝水年份会发生其他财产损失，主要包括房屋倒塌、家具衣物等财产损失、禽畜死亡丢失、生产资料受损坏、工程建筑遭破坏、交通电力通信设施毁坏或中断等损失。要正确计算其他财产损失，也应先调查了解大涝水年份受灾面积上其他财产损失的具体情况，再根据调查资料分析估算，用实物量或价值量表

示。其中实物量可以按受灾损失的财产、设施类别进行统计，例如，损失房屋（间）、牲畜（头）、公路（m）、铁路（m）等，然后将所有的其他财产损失实物量按影子价格折算为货币值（价值量）。

在大涝年份时，政府为排涝救灾支付了大量费用，其中用于排涝抢险和医疗救护方面的费用（不包括救灾的粮食、衣物、房屋等费用）也应予以计算。

有些低洼地区因涝不能及时排除积水，影响下年农业生产和工、副业生产，由此导致的损失也应计算在内。

（二）除涝效益计算

排水工程的除涝效益，即修建工程后减免的涝灾面积所带来的农业生产效益，以修建工程前后所减少的农作物涝灾损失表示。目前，推求农作物涝灾损失值主要采用涝灾频率曲线法、内涝积水量法、降雨涝灾相关法等方法。下面分别作简要介绍。

1. 涝灾频率曲线法

涝灾频率曲线法也叫实际年系列法，此法适用于在工程兴建前后都有长系列的多年受灾面积统计资料和相应的暴雨资料的治涝地区已建工程的除涝效益计算。因此，可以根据实际资料计算治理前和治理后多年平均涝灾面积的差值，再乘以单位面积涝灾损失率，进而推算工程的除涝效益。这种方法在计算前应收集下述资料：

（1）涝区的长系列暴雨资料。

（2）排水工程兴建前，历年涝区受灾面积及其相应灾情调查资料。

（3）涝区治理后，涝灾发生情况的统计资料。

该法所需资料具备以后，具体计算可按下述步骤进行：

（1）对涝区的成灾暴雨进行频率分析。

（2）根据涝区受灾面积及其相应的灾情调查资料，用式（7-5）计算排水工程兴建前历年的绝产面积 F_c。其中，f_c 为调查的实际绝产面积，γ 为减产率，下标 h、m、l 分别表示受灾程度为重、中、轻。

$$F_c = f_c + F_h\gamma_h + F_m\gamma_m + F_l\gamma_l \quad (7-5)$$

（3）以暴雨频率为横坐标，相应年份绝产面积为纵坐标，绘制涝区在工程兴建前历年的绝产面积频率曲线，如图7-1所示。

（4）根据工程兴建后历年的暴雨频率，查出相应于未建工程时的涝灾绝产面积，并与工程兴建后实际调查及统计资料相比较，其差值即为当年由于排水工程兴建而减少的绝产面积。

（5）以当年减淹面积乘以当年涝区受淹面积上的正常产量即为排水工程兴建后效益的实物量，再与单位产量的价格相乘即可得工程兴建后，该年所获效益的价值量。

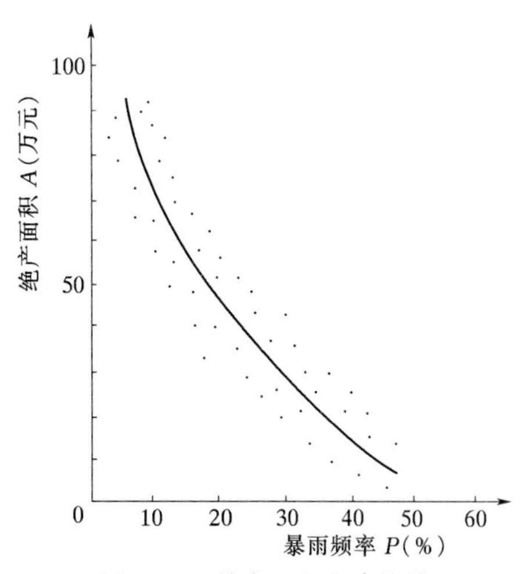

图7-1　排水工程兴建前暴雨频率—绝产面积关系图

经过实际资料分析验证，涝区绝产面积与成灾暴雨频率之间相关密切，其相关系数 $r=0.85$

左右，因此，认为这种方法能够满足精度要求。

2. 内涝积水量法

造成涝区农作物减产的因素比较复杂，不仅与降雨有关，而且与积水情况、地下水位、作物品种、生长季节等有密切关系。内涝积水量在一定条件下可以代表降雨量、积水深度、淹没历时和地下水位变化等因素，因此可作为一个综合性指标来反映涝灾程度，由它入手，通过对内涝积水量与绝产面积、减产率与降雨频率之间关系的分析，可以计算排水工程兴建前后所减免受灾面积，从而推算出排水效益。这种方法既适用于已建工程，也适用于规划时测算排水效益。

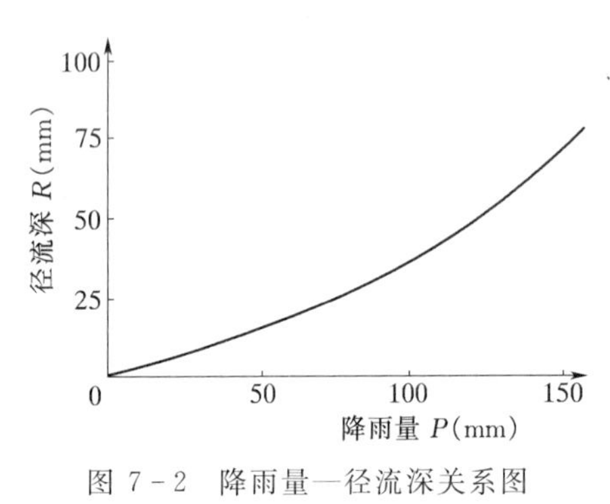

图 7-2 降雨量—径流深关系图

为计算工程前后各种情况的内涝损失，先作下述基本假定：

（1）农业减产率 β 随内涝积水量 V 变化，即 $\beta=F(V)$。

（2）内涝积水量 V 是涝区出口控制站水位 Z 的函数，即 $V=F(Z)$，并假设内涝积水量 V 仅随控制站水位 Z 而变化，不受河槽断面大小的影响。

（3）灾情频率与降水频率和控制站的流量频率是一致的。

该计算方法一般可按下列步骤进行：

（1）收集和整理成灾暴雨降雨量和径流深关系资料。这种资料一般可在径流实验站收集，或用水文学上的方法，如入渗分析法、径流系数法等推求，并可用图 7-2 形式表达。

（2）根据上述资料，用当地小流域径流公式或用排水模数公式计算成灾暴雨的洪峰流量（即降雨径流量），并结合地形地貌条件、流域形状、汇流速度等用概化方法计算无排水工程时的流量过程线（通常称为理想流量过程线）。

（3）分析涝区受涝后无排水条件下的暴雨产流过程和有工程时实际排出涝区流量过程的关系，计算暴雨产流量与治理工程实际排流量的时程差值，即为内涝积水量。

对于动力提排区，可用平均排除法作为实际排涝流量过程，如图 7-3 所示。

对于自流排水区，可用涝区河渠出口控制站实际排水资料，作为实际排涝流量过程。若是规划工程，则可用有排水工程的实测流量资料进行比照计算或根据涝区逐时段的调蓄演算求得内涝积水量，即为图 7-4 中的阴影部分。

（4）根据成灾暴雨的径流量及其相应的内涝积水量，可以获得径流深与内涝积水量的关系，并可据此绘出相关线。由于内涝积水量与排水工程标准有关，因此，绘图时可以用工程治理标准作参数，如图 7-5 所示。

（5）根据涝区地形资料，求出高程与耕地（或淹没区）面积关系；再按内涝积水量，推求某些高程时的积水深度和受灾面积，并求出内涝积水量与受灾面积的关系，如图 7-6 所示，分别计算工程前后受灾面积；再根据作物允许淹水深度与淹没历时的试验资料（或相当的试验资料）或调查资料，求出内涝积水量和减产量（或减产率）关系。为使涝灾面积数据具有可比性，反映涝灾损失的涝灾面积常以绝产面积来表示，可用式（7-5）计算。

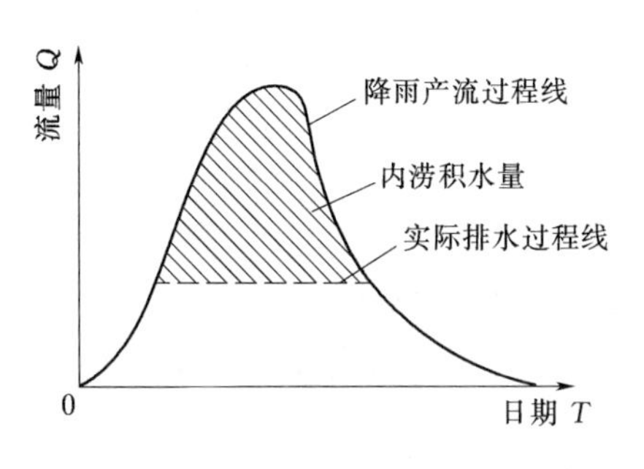

图 7-3　提排区排水过程线

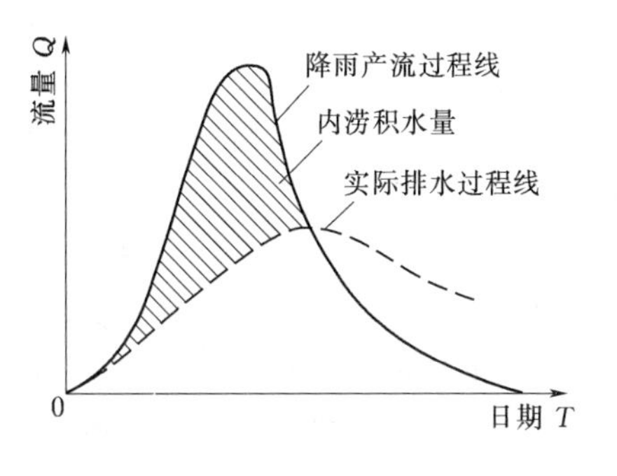

图 7-4　自排区排水过程线

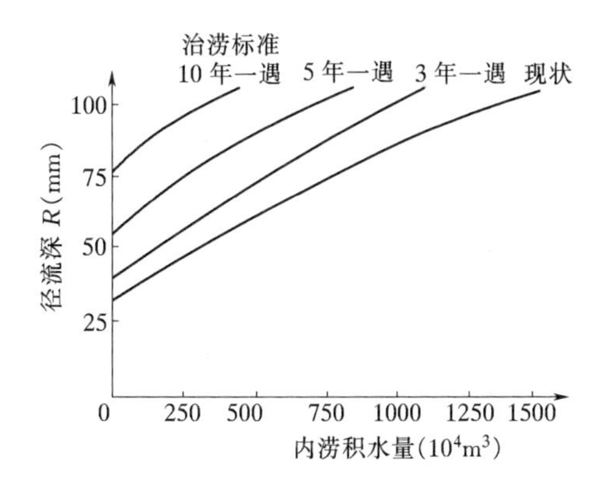

图 7-5　涝区成灾暴雨径流深—内涝积水量关系图

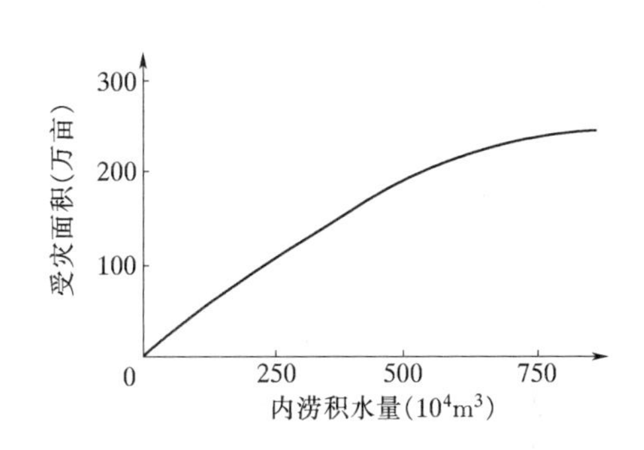

图 7-6　内涝积水量—绝产面积关系图

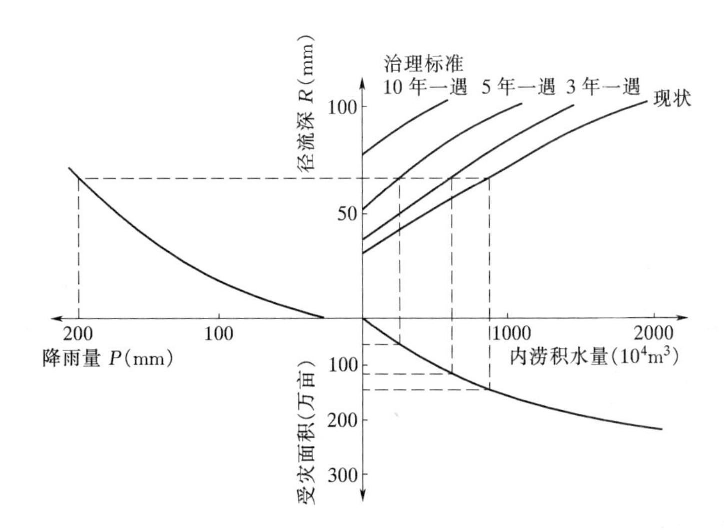

图 7-7　降雨量、径流深、内涝积水量和涝灾面积合轴相关图

(6) 有了上述图 7-2、图 7-5、图 7-6，即可由成灾暴雨量分别计算工程前后的受灾面积，推求出规划工程（或已建工程）减少的涝灾面积，从而求出工程效益的实物量和

价值量。实物量以有工程时减少的涝灾绝产面积或财产、设施损失实物数量表示，价值量可用有工程时减少的产量损失价值表示。

用这种方法计算时可将图 7-2、图 7-5、图 7-6 综合绘制出合轴相关图，见图 7-7，以便于应用。

3. 降雨涝灾相关法

降雨涝灾相关法也称为合轴相关图，此法认为涝区成灾暴雨量与绝产面积关系不受暴雨时程分布的影响，并根据未修工程时的历史资料，来估算有排水工程后减免的涝灾损失。此方法主要用于排水工程规划阶段的效益计算。

本法在计算中有以下基本假定：

(1) 涝灾损失（或减产率）与成灾暴雨量有关。

(2) 涝灾频率与降雨频率相对应。

(3) 小于和等于工程治理标准的降雨不产生涝灾。超过治理标准后，增加的降雨量和增加的涝灾损失（或涝灾减产率）互相对应。

本法具体计算步骤如下：

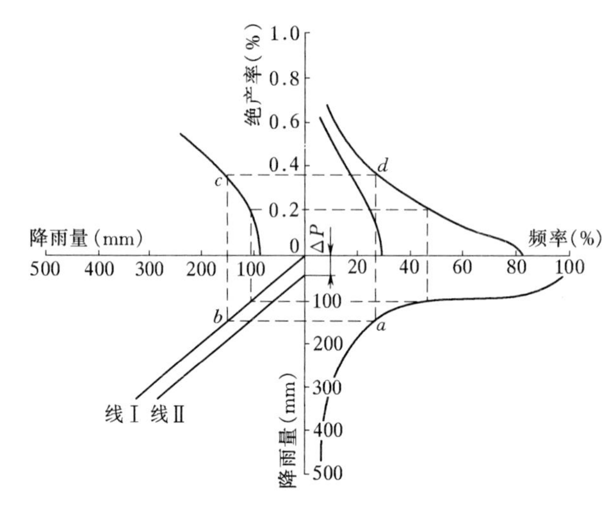

图 7-8 降雨涝灾合轴相关图

(1) 根据历史涝灾资料，求出无工程时成灾暴雨频率与减产率（或绝产率）的关系线，如图 7-8 中第Ⅱ象限曲线所示。

(2) 计算并绘出历史成灾暴雨频率曲线见图 7-8 中第Ⅳ象限曲线所示。

(3) 在图 7-8 中第Ⅲ象限中绘出 45°线，以便把第Ⅱ、Ⅳ象限中成灾雨量的坐标联系起来，根据图 7-8，可绘得无排水工程时的减产率（或绝产率）频率曲线。其过程为：①在成灾雨量频率曲线上的 a 点引水平线，交 45°线于 b 点；②由 b 点引垂线交涝灾暴雨与减产率曲线于 c 点；③由 c 点引水平线，与由 a 点引出的垂线相交于 d 点，d 点即为无排水工程时减产面积频率曲线上的一个点；④重复上述过程，最后即可画出未建工程时涝灾减产率（或绝产率）的频率曲线 m。

(4) 依据排水工程规划标准，求出兴建工程后涝区开始成灾的暴雨量 P_2（按排涝标准得到），与未建工程时该地区开始成灾的暴雨量 P_1 的差值 ΔP，即 $\Delta P = P_2 - P_1$，如图 7-8 所示。

(5) 在第Ⅲ象限中，以 ΔP 为纵坐标，画一条平行于 45°线的直线，称为该规划治理标准的雨量转换线（即图 7-8 中的Ⅱ线），并以此线为依据，用画未建工程时涝灾绝产率频率曲线 m 相同的方法，绘出在已定规划标准下的涝灾绝产面积频率曲线 f。

(6) 量算图 7-8 中 m 线与 f 线间的面积，便可求出规划工程兴建后可减免面积的总减产率；也可以用排水工程兴建前后减免的年平均涝灾减产率表示。并按减产率（或绝产率）求出工程兴建后的实物量和价值量。

需要指出的是，上述介绍的三种方法可任选绝产面积、或减产量、或减产率（或绝产率）等作为计算效益的指标，计算过程完全相同，只是绝产面积和减产量是绝对量指标，减产率和绝产率是相对指标。

4. 暴雨笼罩面积法

此法有两个假定：①涝灾是由于汛期内历次暴雨量超过设计标准暴雨量所形成的，涝灾虽与暴雨分布、地形、土壤、地下水位等因素有关，但认为这些因素在治理前后影响是相同的；②涝灾只发生在超标准暴雨所笼罩的面积范围内，假设治理前后年涝灾面积与超标准暴雨笼罩面积的比值是相等的。

根据历年灾情系列资料，计算并绘制治理前的涝灾减产率频率曲线，统计流域内各雨量站降雨量 P 及其相应的前期影响雨量 P_a，绘制雨量（$P+P_a$）和暴雨笼罩面积关系曲线。计算治理前各年超标准暴雨笼罩面积与其实际涝灾面积的比值，用此比值乘以已定排涝标准治理后历年超设计标准暴雨的笼罩面积，即可求出治理后年均涝灾面积和损失值，其与治理前平均涝灾损失的差值，即为治涝工程效益。本法可用于较大的流域面积。

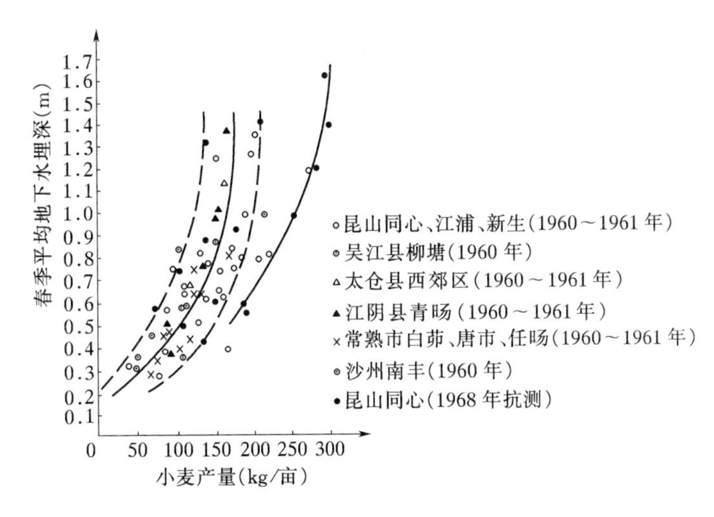

图 7－9　地下水埋深与小麦产量关系图

另外，作物受淹减产可根据试验资料系统分析而得。试验证明，不同作物的耐淹历时和耐淹水深并不同，如果超出允许的耐淹时间和耐淹深度，不仅会影响作物正常生长而减产，重者甚至死亡。还证明，作物受淹减产情况不仅与淹水历时有关，而且与作物品种和生长期有关。关于淹水深度、淹没历时以及作物品种和生长期对作物产量的影响，由于各地具体情况不同，因此必须根据当地实际条件开展作物耐淹和减产试验，以便为分析涝灾减产损失提供确切资料。

对于上述各种内涝损失的计算方法，由于基本假设与实际情况总是有些差距，因而尚不很完善，虽计算结果不够准确，但用于不同排水治涝方案比较还是可以的。必要时可采用几种方法相互检验计算成果的合理性。

（三）治渍、治碱效益的估算

地下水埋深过小即地下水位过高时，就会形成渍灾或土地盐碱化，导致农作物减产。只有当地下水位适宜时，农作物的产量和质量才可得到提高，从而达到增产效益。排水工程通常对排水河道采取开挖等治理措施，从而降低了地下水位，因此，排水工程常常在发挥除涝效益的同时也带来了治渍、治碱效益。在我国北方很多地区，涝、碱灾害往往伴随而生，排水治涝同时还有防治盐碱的效益。在南方一些平原地区和很多低洼地区，涝、渍灾害时常伴随而生，治涝同时还有治渍效益。但有时排水工程同时起到除涝、防渍和治碱作用，而各种作用又很难划分清楚，所以其工程经济效益往往是把这些作用效果一并计算在内。排水工程的治渍、治碱效益估算方法如下：

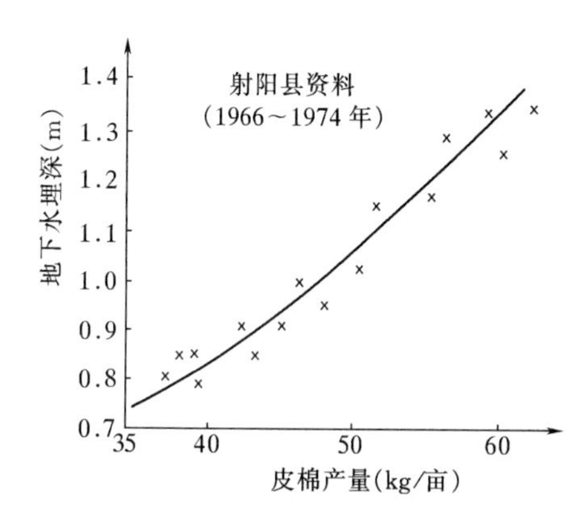

图 7-10　地下水埋深与皮棉产量关系图

（1）首先把治渍、治碱区划分成若干个分区，调查治理前各分区的地下水埋深情况、作物种植情况和产量产值收入等情况，然后分类计算各种作物的收入、全部农作物的总收入和单位面积的平均收入。

（2）拟订几个治渍、治碱方案，分区控制地下水埋深，计算各地下水埋深方案的农作物收入、全区总收入，其与治理前总收入的差值，即为治渍、治碱效益。

但对于未形成涝灾或盐碱灾害而主要是渍灾的地区，则排水工程的效益应单独计算减免渍灾的损失。不同的地下水埋深对作物产量影响不同。因此，可根据观测资料，统计不同渍情程度（不同地下水埋深下）受灾面积，收集地下水埋深与作物产量关系的试验资料，从而分析计算出排水工程减免的渍灾损失，并换算成货币值，即为排水工程的治渍效益。为了确切计算治渍效益，各地也应开展地下水埋深与作物减产的关系试验。现将部分作物要求的地下水埋深列于表 7-4，以供参考。从图 7-9、图 7-10 的实验资料可看出，当地下水埋深达不到表 7-4 中的要求时，农作物就会遭受渍灾而明显减产。

表 7-4　部分农作物要求的地下水埋深

作物品种	生长期要求地下水埋深（cm）	雨后短期允许地下水埋深（cm）	雨后要求降低至允许地下水埋深的相应时间（d）	备注
小麦	100～120	80 100	15 8	生长前期 生长后期
玉米		40～50	3～4	孕穗至灌浆
棉花	110～150	40～50 70	3～4 7	开花期 结铃期
高粱		30～40	12～15	开花期
甘薯	90～110	50～60	7～8	
大豆		30～40	10～12	开花期

盐碱地改良一般以水利措施为主，辅以农业、生物等综合治理措施，则增产效果更为

明显。对未形成涝渍灾害，而主要是发生土地盐碱化的地区，计算主要是测算采取防治措施前后的盐碱地面积变化、增加的产量（值）及水利治理措施应分摊的增产值等，进而推算工程治盐碱效益。在此不详细叙述。

（四）工程总效益的计算

排水工程效益主要体现在工程对灾害损失的减免上，其次还表现在其他财产损失的减少等方面。因此，排水工程总的经济效益应包括：除涝农业效益、治渍治碱效益、其他财产损失减少值，以及工程占地负效益（即田间工程占用耕地带来的农业损失）四部分。在分析计算中，对于后三项效益，我们可以认为在计算期内的数值是不变的；而除涝农业效益，是随着本地区农业经济发展水平的提高而逐年增长的。在国民经济评价中，以近期农业生产中等水平年产值（即设计水平年产值，也可称基准年产值）作为基数，考虑年增长率（有的书中称之为农业效益增长率或农业经济增长率）。如设年增长率为 j，第一年的产值为 b_0 元/亩，则第二年产值为 $b_0(1+j)^1$，第三年产值为 $b_0(1+j)^2$，依此类推，第 n 年产值为 $b_0(1+j)^{n-1}$。则该排水工程在正常运行期内每亩平均年效益为

$$b=b_0\frac{1+j}{i-j}\left[1-\left(\frac{1+j}{1+i}\right)^n\right]\left[\frac{i(1+i)^n}{(1+i)^n-1}\right] \tag{7-6}$$

式中 b_0——基准年亩产值；

j——农业年增长率，假设 $j=2.5\%$；

i——社会折现率，设 $i=7\%$ 及 $i=12\%$ 两种情况；

n——正常运行期，年。

第二节 排水工程经济评价

一、排水工程经济分析的特点

排水工程的目的是要求用一定工程措施和非工程措施防止或减少涝、渍、碱灾害损失。排水工程具有除害的公益性质，其工程效益主要体现在涝灾的减免程度上，即修建工程后与工程前比较所减少的那部分涝灾损失。在一般情况下，涝灾损失主要表现在农田受灾减产方面，其他损失如房屋财产损失、工程设施毁损等，在一般涝灾年份其所占比重较小，只有当遇到特大涝年份涝区大量积水时，其他损失才会占有较大的比重。因此，除涝农业效益是排水工程的主要经济效益。

计算排水工程经济效益或估算工程实施后灾情减免程度时，均须作某些假定并采用简化方法，由于这些假定与当地具体情况常常有些差异以及计算方法的不完善，根据不同的假定和不同的计算方法，其计算结果可能差别很大，因此在进行排水工程经济分析时，应根据不同地区的涝灾成因排水措施等具体条件，选择比较合理的计算分析方法，必要时可用其他方法予以检验。

排水工程效益的大小，与涝区的自然环境、生产条件有密切关系。因此，拟定可行方案和选择治理标准时都应充分考虑这些因素。此外，规划排水工程时，应统筹考虑除涝、治渍、治碱、防旱诸问题，只有综合治理，才能获得较大的工程效益，更好地促进当地农业经济发展。

排水工程效益主要体现在治理区农业增产、农民增收上，这都表现为国民经济效益，但排水工程管理部门没有财务收入。因此，排水工程只进行国民经济评价，不进行财务评价。

二、排水工程经济分析的任务与步骤

对于一个涝区，防止或减免涝、渍、碱灾害的措施，常常有多种可供选择的方案，往往它们的工程投资、排水能力、运行费用、经济效益及其对环境的影响均不尽相同。在排水工程经济分析中，对不同的治理措施、不同的治理标准、不同的工程规模、不同的技术参数，均可视为不同的方案。

（1）排水工程经济分析的任务，就是对技术上可行的规划拟建排水工程方案，进行工程投资、年运行费、治理效益等的经济分析计算，并综合考虑其他相关因素，选择合理的工程措施、治理标准和投资规模，确定最优工程方案。对于已建的治涝工程，通过经济分析，可以提出扩建、改建、配套或改进管理等进一步提高经济效果的建议。

（2）治涝工程经济分析的一般步骤包括以下几个方面：

1）根据社会经济发展需要、排水治涝任务要求，结合当地实际情况，拟定技术上可行的若干可比方案，并确定相应的工程指标。

2）收集历年雨情、水情、灾情等基本资料，分析致灾的原因。

3）计算各个方案的工程投资、年运行费和年效益以及其他经济指标。

4）计算各个方案的经济效果指标、辅助指标及其他非经济因素，对各个比较方案进行经济分析和综合评价，确定经济上合理的最优方案。

经济效果指标有：效益费用比、内部收益率、经济净现值等。

辅助指标有：年平均减涝面积、工程占地面积、盐碱地改良面积等。

5）对可行项目最优方案进行敏感性分析，找出影响该项目方案经济评价指标的最敏感因素，为搞好工程运行管理提供重要依据。

进行经济分析和综合评价时，注意各个方案的条件具有可比性，基本资料、计算原则、研究深度应具有一致性，并以国家的有关方针、政策规程或规范作为准绳。

第三节　排水工程国民经济评价实例

排水工程与防洪工程一样，都属于除害公益性的建设项目，并无财务收入，因此，只作国民经济评价。现以华北某流域排涝工程为例进行建设项目经济评价。

一、基本情况

华北某省某流域总面积1328km^2，分属5个县、市，共40个乡镇，农业人口达56万人，耕地128万亩，其中水浇地53.4万亩。

该地区地形封闭平缓，低洼易涝，土质粘重，地下水矿化度高，盐碱地分布较广。由于该流域上游近1.2万km^{2}的沥水，均需由本支流下泄，而该支流泄流能力过小，再加上相邻河系常溃堤漫溢，洪涝灾害交替，造成该地区农业生产条件差，长期以来农业产量低而不稳。据统计，新中国成立以来到1967年治理前，几乎年年都有涝灾，多年平均涝灾面积达51万亩，约占耕地面积的40%（见表8-5），一般年份粮食亩产50kg左右，人民生活几乎年年靠国家救济。

第一期治理工程开辟入海排水河，1967 年开工，干、支骨干排水沟渠均按 3 年一遇标准开挖，当年达到设计标准，斗沟以下的田间配套工程逐年修建，1975 年全部完工。由于排涝标准低，从 1967～1977 年，就有 6 年发生涝灾。其中，最大的一年（1977 年）涝灾面积达 114.8 万亩，占耕地面积的 90%。

为了进一步提高治理标准，拟实施第二期治理工程（即扩建原排涝工程），并用开挖土方平整低洼田地 500 亩，配合治碱新打井 50 眼，以改善农业生产条件。扩建工程方案有 5 年一遇、10 年一遇、20 年一遇 3 种治理标准，扩建工程建设期均为 5 年。一、二期工程的运行期均为 30 年。

二、工程费用

工程费用包括工程投资、年运行费和流动资金。

1. 工程投资

拟对 3 年一遇（一期工程）、5 年一遇、10 年一遇、20 年一遇 4 种治涝标准（4 个方案）进行比较，其工程量与投资均按原规划阶段的概预算进行分析。第一期工程投资，根据实际投资额，按 1978 年不变价格进行换算，投资进程见表 7－5。第二期工程各方案的投资，按工程规划设计概（预）算，投入的主要材料价值以口岸价为基础进行计算，再以 1990 年国家计委修订的影子价格调整，人工工资按影子工资换算，各工程方案投资计划见表 7－6。

表 7－5　第一期工程投资进程及年运行费序列　　单位：万元

项目＼年序	1967	1968	1969	1970	1971	1972	1973	1974	1975	合计
工程投资	3971	705	396	374	330	308	575	575	575	7809
年运行费		46.9	70.3	93.7	117.1	140.6	164.0	187.4	201.8	1976 年以后 234.3

表 7－6　第二期工程投资计划及年运行费序列　　单位：万元

项目	方案＼年序	第 1 年	第 2 年	第 3 年	第 4 年	第 5 年	合计
工程投资	5 年一遇	1620	1473	1473	1473	1473	7512
	10 年一遇	2626	2391	2391	2391	2391	12190
	20 年一遇	3550	3235	3235	3235	3235	16490
项目	方案＼年序	第 1 年	第 2 年	第 3 年	第 4 年	第 5 年	第 6～35 年
年运行费	5 年一遇		45.1	90.1	135.2	180.3	225.4
	10 年一遇		73.1	146.3	219.4	292.9	365.7
	20 年一遇		98.9	197.9	296.8	395.8	494.7

2. 年运行费

根据实测资料，河道泥沙淤积量大，沟渠清淤费用是工程年运行费的主要支出，参照同类工程统计资料，工程建设期中的年运行费按效益比例计算，达到设计标准后，各方案年运行费取相应工程投资的 3%，见表 7－5 和表 7－6。

3. 流动资金

流动资金即维持工程正常运行所需要的周转资金，通常按年运行费的10%计，并以工程建设期最后一年作为投入时间。本例已将其计入投资中，这里不单独列示。

三、工程效益

1. 多年平均涝灾损失分析

根据对本流域治理前后30日的资料，分析不同雨期雨量与涝灾面积关系，其中30日雨量与涝灾面积和减产率的相关性较好，故选择30日作为计算雨期。根据对历年涝渍灾害和农作物减产程度的调查资料，按下列公式可以算出减产率β：

$$\beta = 涝灾面积 \times 农作物减产程度 / 农作物播种面积$$

式中农作物播种面积本例计算中采用128万亩。现将该流域1967年治理前后涝灾面积及减产率等计算成果分别列于表7-7中。

表7-7　流域治理工程兴建前后涝灾面积及减产率分析

治理情况	年份	30天降雨量（mm）	涝灾面积（万亩）		减产程度	减产率	绝产面积（万亩）	
			当年	平均			当年	平均
治理前	1950	298	38.3	50.59	0.75	22.4	28.7	38.52
	1951	219	37.2		0.70	20.3	26.0	
	1952	163	12.2		0.60	5.7	7.3	
	1953	354	115.0		0.78	70.1	89.7	
	1954	354	115.4		0.75	67.7	86.6	
	1955	221	16.3		0.59	7.5	9.6	
	1956							
	1957	98	10.6		0.60	5.0	6.4	
	1958	285	37.7		0.70	20.5	26.4	
	1959	215	25.0		0.70	13.7	17.5	
	1960	313	78.2		0.70	42.6	54.7	
	1961	310	75.1		0.87	50.9	65.3	
	1962	245	52.7		0.81	33.3	42.7	
	1963							
	1964	519	114.6		0.85	75.8	97.4	
	1965	96	0		0	0	0	
	1966	250	30.5		0.64	15.2	19.5	
一期治理后	1967	310	3.8	21.45	0.64	1.9	2.4	15.66
	1968	128	0.7		0.60	0.3	0.4	
	1969	348	14.5		0.66	7.5	9.6	
	1970	252	4.2		0.65	2.1	2.7	
	1971	271	31.3		0.65	15.9	20.3	
	1972	283	25.7		0.69	13.8	17.7	
	1973	238	0		0	0	0	
	1974	366	40.7		0.64	20.3	26.0	
	1975	163	0		0	0	0	
	1976	203	0.2		0.70	0.1	0.14	
	1977	473	114.8		0.81	72.7	93.0	

注　1956年与1963年发生特大涝水（洪涝混合），其资料未计算在内。计算多年平均治涝效益时，有关特大涝水年效益如何处理仍是一个需要研究的问题。

2. 年平均减免涝灾面积计算

排涝工程效益主要是减少农作物的涝灾损失。根据治涝区具体情况和已有实际资料，用降雨涝灾相关法计算除涝农业效益，其基本过程如下：

取直角坐标系原点右方为30日降雨频率、左方为降雨量、上方为绝产率、下方为降雨量。根据表7-7资料，以30日降雨量和频率在第Ⅳ象限点绘关系曲线，以治理前30日雨量与绝产率点绘关系曲线于第Ⅱ象限，借助治理前（$\Delta P=0$时）的雨量转换线（即过原点作第Ⅲ象限角的平分线），以治理前的雨量频率与绝产率在第Ⅰ象限点绘关系曲线a；同理，分别借助治理标准为3年一遇、5年一遇、10年一遇、20年一遇的雨量转换线，依据相应的雨量频率与绝产率，在第Ⅰ象限点绘出相应的相关曲线b、c、d、e，见图7-11。然后用求积法量算a、b、c、d及e曲线的下包面积（即各雨量频率—绝产率曲线与坐标轴所包围的面积），即得治理前及各治理方案的年均涝灾绝产率，再用此绝产率乘以治理区播种总面积，推得相应的年均绝产面积，从而计算出各方案减少的受灾面积，见表7-8。

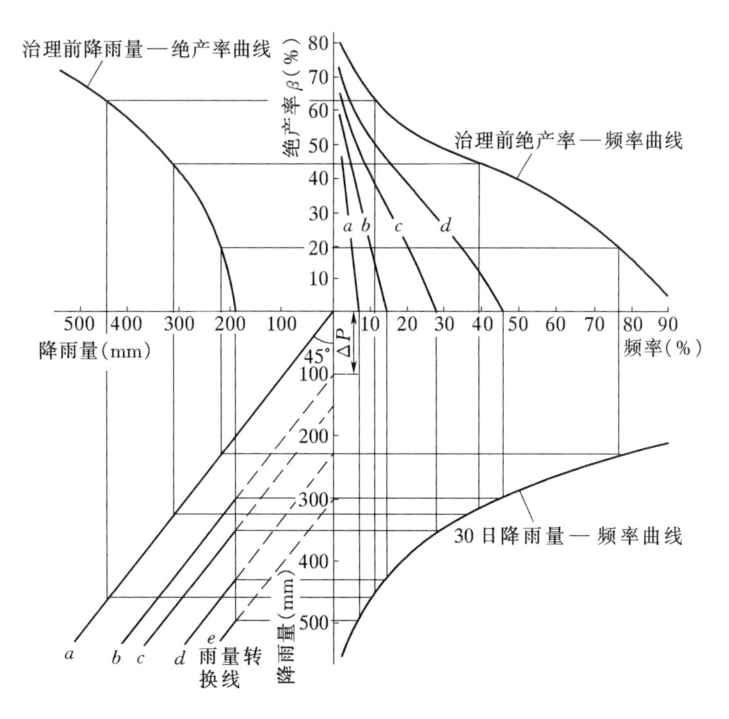

图7-11　合轴相关图

a—3年一遇；b—5年一遇；c—10年一遇；d—20年一遇；e—治理前

3. 除涝效益

根据当地土质、气候条件及耐涝因素，选择适宜的农作物品种和种植比例。本项目的国民经济评价中暂采用市场价格作为农产品的影子价格来计算其除涝效益。第一期工程农作物产量以1967年粮食生产水平（单产100kg/亩），按1978年市场价格计算，各种作物单位面积综合产值为60元/亩，据此计算农业效益。第二期工程以1990年生产水平（175kg/亩），按当时市场价格计算，单位面积综合产值为135元/亩。根据第2条计算结果，将不同治理标准下的年平均涝灾面积减少值乘以相应的单位面积综合产值，即得不同治理标准的除涝效益，见表7-8。

表7-8　　不同治理标准的年平均涝灾面积减少值

项目＼治理标准	治理前	一期工程	二期工程		
		3年一遇	5年一遇	10年一遇	20年一遇
平均减产率（%）	29.4	13.8	6.8	3.3	1.7
减产率差值		15.6	7.0	3.5	1.6
涝灾面积减少值（万亩）		19.97	8.96	13.44	15.48
年均效益（万元）		1198.2	1209.6	1814.4	2089.8

4. 治理盐碱效益

根据调查，1967年本流域未治理前盐碱地面积达33.5万亩，第一期工程（3年一遇标准）全部完工后使盐碱地减为11.3万亩。第二期各方案工程规模不同，治理后能改良盐碱地的面积估算值列于下表。该表中不同治理标准的盐碱地改良面积，是根据排水渠沟的不断加深和田间配套工程的不断完善后求出的。假设水利治碱措施应分摊的农业效益增产值，秋作物为10元/亩，夏作物为18元/亩。然后据此推算工程产生的盐碱治理效益，结果见表7-9。

表7-9　　不同标准方案的治理盐碱效益

项目＼治理标准		治理前	一期工程	二期工程		
			3年一遇	5年一遇	10年一遇	20年一遇
盐碱地面积（万亩）		33.5	11.3	5.8	2.3	0.3
治理面积（万亩）			22.2	5.5	9.0	11.0
秋作物	种植面积（万亩）		22.2	5.5	9.0	11.0
	年均效益（万元）		220.0	55.0	90.0	110.0
夏作物	种植面积（万亩）		11.0	3.9	6.4	7.8
	年均效益（万元）		198.0	70.2	115.2	140.4
年均治理盐碱效益合计（万元）			418.0	125.2	205.2	250.4

由表7-9可以看出，低标准的盐碱地改良效果较明显，较高治理标准的盐碱地增产效果不大。

5. 其他财产损失减少值

1977年扩建前，本流域多次遇到较大涝灾，房屋倒塌、物资损坏、设施毁坏、交通电信中断、工商企业停产、居民财产受损等损失较大，排涝抢险、救灾防疫等费用支出较多。根据1977年调查资料，绘制雨量频率与财产损失关系曲线，可求得年均其他财产损失值及相应的工程效益。第二期工程各治理方案的相应效益以一期工程为基础进行估算。计算结果见表7-10。

表 7-10　　不同治理标准的其他财产损失减少值　　单位：万元

项目 \ 治理标准	治理前	一期工程	二期工程		
		3 年一遇	5 年一遇	10 年一遇	20 年一遇
年均财产损失值	620	500	325	180	70
年均效益		120	175	320	430

6. 工程负效益

治涝项目的负效益主要指工程占用耕地损失，其中骨干工程占地已计算并列入调整后的工程投资额中，而群众举办的田间配套工程占地损失未给补偿，应从治涝工程效益中扣除，其数值可按对应面积上产值扣除生产成本后计得。一期工程后土地单位面积综合产值60 元/亩，扣除 50%的成本，则占地负效益按 30 元/亩计算；二期工程后单位面积综合产值 135 元/亩，扣除 45%的成本，占地负效益按 74.25 元/亩计算。假设此值不变，建设期按达到设计标准比例计算，则工程负效益计算值见表 7-11。

表 7-11　　不同治理方案的工程负效益

项目 \ 治理标准	一期工程	二期工程		
	3 年一遇	5 年一遇	10 年一遇	20 年一遇
工程占地（万亩）	2.8	1.6	2.5	3.4
年均负效益（万元）	84.0	118.8	185.6	252.5

7. 总效益

该排涝工程效益由治涝农业效益、治理盐碱效益、其他财产损失减少值以及工程占地负效益四部分组成。在效益计算中，治涝农业效益，是随着治理区生产发展水平的提高而逐年增长的；对于后三项效益，可以认为均不随农业经济增长而变化，在计算期内的数值是不变的。现将各治理方案除涝农业效益以及治盐碱效益、其他财产损失减少值、工程负效益的年均值合计（合称为治涝其他效益）综合于表 7-12。

表 7-12　　各治理方案设计水平年效益汇总表　　单位：万元

项目 \ 治理标准		一期工程	二期工程		
		3 年一遇	5 年一遇	10 年一遇	20 年一遇
治涝农业效益		1198.2	1209.6	1814.4	2089.8
治涝其他效益	治盐碱效益	418.0	125.2	205.2	250.4
	财产损失减少值	120	175	320	430
	工程负效益	−84.0	−118.8	−185.6	−252.5
	其他效益合计	454.0	181.4	339.6	427.9

注　表中涝农业效益数值是用降雨涝灾相关法直接推算得出的，暂未考虑农业经济发展的影响。

工程建设期间发挥的各种效益应分别按相应的设计水平年效益的适当比例推算。第一期工程：1968 年开始发挥效益，为设计效益的 20%，以后按 10%逐年递增，1976 年达到设计标准。第二期工程：建设期第二年开始发挥效益，达到设计效益的 20%，以后逐年递增 20%，第 6 年达到设计效益。

四、国民经济评价

1. 经济计算条件

经济评价主要依据水利部SL72—94《水利建设项目经济评价规范》。本项目为社会公益性工程，只有社会效益，没有财务收入，根据SL72—94，主要采用动态分析方法，以经济净现值、经济效益费用比和经济内部收益率为评价指标对工程进行国民经济评价。根据《建设项目经济评价方法与参数第二版》中的有关规定和社会经济发展状况，同时采用7%和12%的社会折现率评价，供项目决策参考。

为统一起见，折现计算基准点定在建设期初（建设期第一年年初），各方案的投资、年运行费和年效益均按年末发生和结算，当年不计息。

第一期工程从1967～1975年，建设期共9年；第二期工程各方案，建设期均为5年。两期工程各方案运行期均以达到设计标准起算为30年。

在国民经济评价中暂采用市场价格作为农产品的影子价格，考虑到今后本地区的经济发展水平对农业效益的影响，根据统计资料分析，农业效益增长率取2.5%。

以下我们根据工程投资、年运行费及年均效益等经济数据指标，分别计算按3年一遇治理标准修建工程和在此基础上按5年一遇、10年一遇、20年一遇标准扩建该工程的经济现金流量和经济评价指标。

2. 编制现金流量表并计算评价指标

根据计算条件和基本经济指标，编制各治理方案的经济现金流量表，并运用经济计算方法计算相应方案经济评价指标。

(1) 第一期治涝工程方案。根据经济指标计算结果，编制该方案的经济现金流量表，并根据现金流量表资料，通过经济计算求得方案的经济评价指标，结果详见表7-13、表7-14。

表7-13　　第一期治涝工程经济现金流量表　　单位：万元

序号	年份 项目	建设期										运行期	合计
		1967	1968	1969	1970	1971	1972	1973	1974	1975	1976	1977～2005	
1	项目效益流入												
1.1	除涝农业效益		245.6	377.7	516.1	661.3	813.4	972.7	1139.4	1313.9	1496.4	…	70038.0
1.2	其他治涝效益		90.8	136.2	181.6	227.0	272.4	317.8	363.2	408.6	454.0×30		15701.6
2	项目费用流出												
2.1	工程总投资	3971	705.0	396.0	374.0	330.0	308.0	575.0	575.0	575.0			7809.0
2.2	年运行费		46.9	70.3	93.7	117.1	140.6	164.0	187.4	201.8	234.3×30		8050.8
3	净效益流量	−3971	−415.5	−47.6	230.0	441.2	637.2	551.5	1108.2	945.7	1716.1	…	69879.8
4	累计净效益流量	−3971	−4386.5	−4434.1	−4204.1	−3762.9	−3125.7	−2574.2	−1466.0	−520.3	1195.8	…	

注　表中治涝农业效益数值已考虑农业经济发展的影响。

表 7-14 第一期工程方案的经济评价指标

评价指标	ENPV（万元）	EBCR	EIRR（%）
$i_s=7\%$	13123.89	2.528	17.28
$i_s=12\%$	3818.23	1.557	

由表 7-14 可知，第一期工程方案的经济内部收益率大于 12%，且在社会折现率为 7%和 12%的情况下，方案的经济净现值均大于 0，经济效益费用比均大于 1，表明该项目是合理可行的。但是，治理标准偏低，工程建设期间就有 5 年发生涝灾，完工不久（1977 年），又发生较大涝灾（受灾面积达 114.8 万亩）。为了提高排涝标准，降低涝灾损失，促进农业经济发展，必须进行扩建。

（2）第二期各扩建方案。依第一期工程方案现金流量表编制方法，编制第二期各扩建方案的经济现金流量表，见表 7-15。并根据现金流量表资料，通过经济计算求得相应方案的各经济评价指标，结果见表 7-16。

表 7-15 各扩建方案经济现金流量表 单位：万元

方案	序号	项目 \ 年序	建设期					运行期		合计
			1	2	3	4	5	6	7～35	
5年一遇	1	项目效益流入								
	1.1	除涝农业效益		348.0	508.3	781.6	1068.1	1368.6	…	
	1.2	其他治涝效益		36.3	72.6	108.8	145.1	181.4×30		
	2	项目费用流出								
	2.1	工程总投资	1620.0	1473.0	1473.0	1473.0	1473.0			7512.0
	2.2	年运行费		45.1	90.1	135.2	180.3	225.4×30		
	3	净效益流量	−1620.0	−1233.8	−982.2	−717.8	−440.1	1324.6	…	
	4	累计净效益流量	−1620.0	−2853.8	−3836.0	−4553.8	−4993.9	−3669.3	…	
10年一遇	1	项目效益流入								
	1.1	除涝农业效益		372.0	762.5	1172.3	1602.2	2052.8	…	
	1.2	其他治涝效益		67.9	135.8	203.7	271.7	339.6×30		
	2	项目费用流出								
	2.1	工程总投资	2626.0	2391.0	2391.0	2391.0	2391.0			12190.0
	2.2	年运行费		73.1	146.3	219.4	292.6	365.7×30		
	3	净效益流量	−2626.0	−2024.2	−1639.0	−1234.4	−809.7	2026.7	…	
	4	累计净效益流量	−2626.0	−4650.2	−6289.2	−7523.6	−8333.3	−6306.6	…	
20年一遇	1	项目效益流入								
	1.1	除涝农业效益		428.4	878.2	1350.3	1845.4	2364.4	…	
	1.2	其他治涝效益		85.6	171.2	256.7	342.3	427.9×30		
	2	项目费用流出								
	2.1	工程总投资	3550.0	3235.0	3235.0	3235.0	3235.0			16490.0
	2.2	年运行费		98.9	197.9	296.8	395.8	494.7×30		
	3	净效益流量	−3550.0	−2819.9	−2383.5	−1924.8	−1443.1	2297.6	…	
	4	累计净效益流量	−3550.0	−6369.9	−8753.4	−10678.2	−12121.3	−9823.7	…	

注 表中治涝农业效益数值已考虑农业经济发展的影响。

根据表 7-16 数据可知，各扩建方案经济内部收益率均大于 12%，且在社会折现率为 7%和 12%的情况下，各方案经济净现值均大于 0，经济效益费用比均大于 1，表明各扩建方案均可行。但当采用7%的社会折现率时，以治理标准为20年一遇的扩建方案净效益现值最大，为17003.46万元；当社会折现率为12%时，以治理标准为10年一遇的扩建方案净效益现值最大，为5199.02万元；而治理标准为5年一遇的扩建方案经济内部收益率最大，且社会折现率为7%和12%时，经济效益费用比均为最大。

表 7-16　各扩建方案的经济评价指标

评价指标 / 治理标准	ENPV（万元）		ENPVR（%）		EBCR		EIRR（%）
	$i_s=7\%$	$i_s=12\%$	$i_s=7\%$	$i_s=12\%$	$i_s=7\%$	$i_s=12\%$	
5年一遇	11458.07	3755.71	1.855	0.690	2.345	1.556	19.32
10年一遇	16842.04	5199.02	1.680	0.589	2.219	1.474	18.28
20年一遇	17003.46	3999.60	1.254	0.335	1.910	1.270	15.75

为从以上各可行的扩建方案中选择最优方案，根据SL72—94，以排涝工程的现状为基础，依次对治理标准为5年一遇、10年一遇、20年一遇的各扩建方案两两进行比较，计算其差额经济内部收益率（ΔEIRR）、差额经济效益费用比（ΔEBCR），结果见表7-17。

表 7-17　各扩建方案差额经济内部收益率和差额经济效益费用比

评价指标 / 治理标准	ΔEIRR（%）	ΔEBCR	
		$i_s=7\%$	$i_s=12\%$
5年一遇→10年一遇	16.72	2.015	1.343
10年一遇→20年一遇	7.39	1.033	0.690

从表7-17可知，当治理标准从5年一遇提高到10年一遇时，差额经济内部收益率为16.72%，大于7%和12%的社会折现率；差额经济费用效益比为2.015和1.343，均大于1。当治理标准从10年一遇提高到20年一遇时，差额经济内部收益率为7.39%，仅大于7%的社会折现率；且只在$i_s=7\%$时，差额经济内部收益率为1.033，稍大于1。比较分析计算结果可知，治理标准为10年一遇的扩建方案为经济最优方案。

3. 敏感性分析

上述分析计算已确定治理标准为10年一遇的扩建方案为最佳方案。为了解该方案对不确定因素变动的敏感程度，提高对项目方案的决策水平，下面分别分析工程投资、年运行费、年效益等因素发生变化时，对经济内部收益率的影响，计算结果见表7-18。并根据其结果绘制敏感性分析图，见图7-12。

表 7-18　经济内部收益率敏感性分析表

变动幅度 / 不确定因素	−20%	−10%	0	+10%	+20%
工程投资	21.52	19.91	18.28	16.90	15.55
年运行费	18.83	18.55	18.28	17.99	17.72
年效益	14.61	16.50	18.28	20.02	21.64

比较表 7-18 中数据及图 7-12 中曲线倾斜度可知，当年效益分别降低和增加 20%时，经济内部收益率分别为 14.57%和 21.64%，变化最快，即年效益—EIRR 线斜率最大，因此确认年效益为项目最敏感的因素。

五、非货币因素

该治理区域有耕地 128 万亩，人口 56 万人，农业经济基础薄弱，农业生产条件差，农民生活水平低，治理前几乎年年靠国家救济。一期治理工程建成后，农业生产条件有所改善，但治理标准较低，完工不久（1977 年），就发生大涝灾（受灾面积达 114.8 万亩），涝灾面积达 90%，农业生产仍不稳定，除需国家支付大量的救灾费用外，还给人民带来痛苦，影响社会安定，这都无法用货币价值衡量，在决策中应充分重视这些非货币因素。

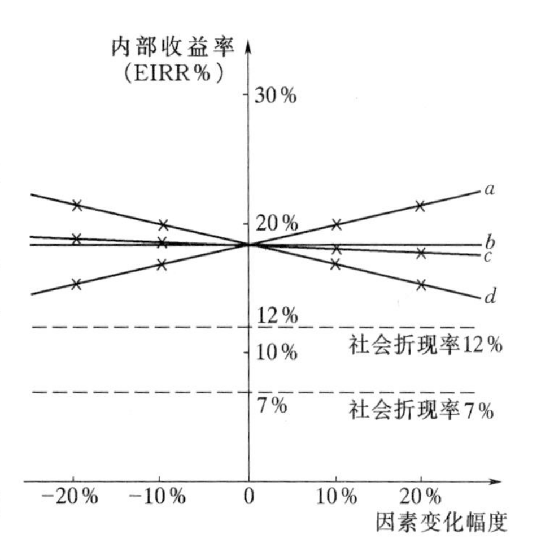

图 7-12 国民经济评价敏感性分析图
a—年效益-EIRR 线；*b*—基本情况-EIRR 线；*c*—年运行费-EIRR 线；*d*—工程投资-EIRR 线

六、评价结论

根据以上分析计算结果可以得出以下结论：

（1）第一期工程方案合理可行，但治理标准偏低，不能最大程度地降低涝灾损失、改善农业生产条件、促进农业经济稳定发展，因此必须进行扩建。

（2）第二期各治理方案均合理可行，其中治理标准为 10 年一遇的方案为经济最优方案（经济内部收益率为 18.28%）。

（3）对最优方案的敏感性分析表明，当工程投资、年运行费、年效益在其基本情况的 20%以内变化时，经济内部收益率均大于社会折现率 7%和 12%，表明该扩建方案具有较强的抗风险能力，并明确项目的最敏感因素是年效益。因此，严格控制工程运行成本，不断提高工程经济效益是运行管理好该工程方案的关键。

第八章　防洪工程评价

第一节　防洪工程效益

一、洪水灾害与防洪措施

洪水灾害泛指洪水造成的灾害。主要是指因河流洪水泛滥成灾，淹没广大平原和城市；我国山区山洪暴发，冲毁和淹没土地村镇和矿山；或因洪水引起的泥石流压田毁地以及冰凌灾害等，均属洪水灾害的范畴。我国发生洪灾较广泛而又较频繁的是平原地区，也是我国防护的重点地区。

洪水灾害具有几种不同的分类，一般来说，按洪水峰型特性分为由洪峰造成和洪水总量造成的两类；按漫溢、决堤成灾的影响，可分为洪水漫堤后能自然归槽只危害本流域和不能归槽、危害其他流域的两类；按洪水与涝水的关系分类，可分为纯洪水灾害和先涝后洪或洪涝交错的混合型。

由于特殊的自然地理条件，我国是在世界上遭受洪涝灾害最为频繁的国家之一。一场洪灾成为现实，具有三个因素：第一，存在诱发洪灾的因素——灾害性洪水；第二，存在洪水危害的对象，即洪水淹没区内有人居住或分布有社会财产，并因被洪水淹没造成了损失；第三，人们受潜在的或现实的洪灾威胁时，采取回避、适应或防御洪水的对策。只有这三个因素的综合作用，才形成现实洪灾。洪灾严重影响我国社会经济发展。在目前的科学技术和经济水平条件下，要完全控制或免除洪水灾害是不现实的，但是可积极采取措施，在一定程度上减轻或避免洪灾损失。

在我国治水历史上，最初有过“堵”与“疏”两种策略。随着经济的发展，人口的增加，人与环境关系日趋紧张，今天面临的防洪问题再也无法简单地用“堵”和“疏”加以解决，它已成为自然环境、技术科学和社会经济学联系在一起的庞大而复杂的系统工程。

防洪措施包括治标性措施与治本性措施，工程措施与非工程措施两种分类方法。治标性措施是指在洪水发生以后，设法使洪水安全排泄而减免其灾害，其包括：堤防工程、分洪工程、防汛、抢险及河道整治等。而治本性措施是指在洪水未发生前就地拦截洪水的水土保持措施以及具有调节洪水能力的综合利用水库等。

工程措施是水库、堤防、分蓄洪区等要素的有机结合。非工程措施由预报和管理两大要素组成，是指在受洪水威胁的地区，采用一水一麦，种植秸秆作物，加固房基等防御洪水的措施，或加强水文气象预报，疏散受洪水威胁地区的人口，甚至有计划地采取人工决口等措施，尽可能减轻洪水灾害及其损失。

实际防洪工程常见有如下一些工程：

堤防工程是河流两岸修筑堤防，进一步增加河道宣泄洪水的能力，保卫两岸低地，是最古老而又被最广泛采用的防御洪水的一种重要措施。

分洪工程是在河流上（一般是在中下游）适当地点修建分洪闸、引洪道等建筑物，将一部分洪水分往别处，以减轻干流负担。

河道整治也是增加河道泄洪能力的一种工程措施。这主要有拓宽和加深河道，裁弯取直，消灭过水卡口，清除河道中障碍物，以及开辟新河道等措施。

水土保持是防治山区水土流失，从根本上消除洪水灾害的一项措施，包括坡面和沟壑治理两方面。

蓄洪工程是干、支流的上中游，兴建水库以及调蓄洪水，它不但从根本上控制下游洪水的灾害，而且与发电、灌溉、供水及发展航运等相结合，是兴利除害、综合利用水资源的根本措施。

实际运用中，防洪措施往往是上述若干措施的组合，包括治本性和治标性，工程性和非工程性措施，应依据它们之间的互相联系和互相作用，针对流域上下游、左右岸的具体情况，权衡利弊得失，统筹考虑各要素的组合方式，以实现防洪系统的整体最优化，尽可能减免洪水灾害，达到除害兴利的目的。

二、洪灾损失

洪灾是指超过人们防洪能力或未采取有效预防措施的大洪水对人类生命和财产所造成的损害。洪水灾害具有随机发生的特征，但年际间不同频率洪水的差别很大，相应的灾情变化也很大。在大多数情况下，一般性的或较小的洪水虽然经常发生，但并不产生危害或危害较小，稀遇特大洪水则危害甚大，甚至影响本区域乃至全国的经济发展。

洪灾损失分直接损失和间接损失两方面，直接经济损失指洪水直接淹没造成的可用货币计量的各类损失。间接经济损失指直接经济损失以外的可用货币计量的各类损失，主要包括由于采取各种措施（如防汛、抢险、避难、开辟临时交通线等）而增加的费用、骨干交通线路中断给有关工矿企业造成原材料中断而停工停产及产品积压的损失或运输绕道增加的费用，农产品的减产给农产品加工企业和轻工业造成的损失等。但在洪灾损失中，有些损失是无法用货币直接估算的，如生态环境的变化，生命伤亡及精神痛苦，政治影响，对国家、社会安定的不利影响，疾病流行对公众健康的影响，正常生活秩序和环境破坏造成的社会冲击，由于房屋、家庭财产等被洪水冲毁或损失而使人们的日常生活水平下降等。

能用实物或货币计量的损失，根据受灾对象的特点和计算上的方便，一般可以考虑以下几个方面：

(1) 农产品损失：洪水泛滥成灾，影响作物收成，农作物遭受自然灾害的面积，称作受灾面积，减灾30%以上的称作成灾面积。一般可将灾害程度分为四级：毁灭性灾害，作物荡然无存，损失100%；特重灾害，减产大于80%；重灾害，减产50%～80%；轻灾害，减产30%～50%。在估算农作物损失时，有人建议采用当地集市贸易的年平均价格计算；亦有人提出用国际市场价格，再加上运输费用及管理损耗等费用。在计算农作物损失时，可用农作物损失的某一百分数表示（扣除秸秆的价值）。

(2) 人民财产损失：城乡人民群众的生产设施，例如肥料、农药、机具、种子、林木等，以及个人生活资料，例如粮食、衣物、燃料、用具等因水淹所造成的损失，一般可按某一损失率估算。

(3) 房屋倒塌及牲畜损失：在计算这些损失时，应考虑随着整个国民经济及农村经济的发展，房屋数量增多、质量提高、倒塌率降低、倒塌后参与值回收率增大等因素。

(4) 工矿、城市的财产损失：包括城市、工矿的厂房、设备、办公楼、住宅、社会福利设施等不动产以及家具衣物、交通工具、商店百货、可移动设备等动产损失。在考虑损失时，对城市、工矿区的洪水位、水深、淹没历时等要详细调查核定，并要考虑设备的更新程度、原有质量、洪水来临时转移的可能性、水毁后复建性质等因素，以确定损失的数量及其相应的损失率，不能笼统地全部按原价或新建价折算成洪灾损失。城市、工矿企业因水灾而停工停产的损失，亦不应单纯按产值计算，一般只估算停工期间工资、管理、维修以及利润和税金等损失，而不计原材料、动力、燃料等消耗。

(5) 工程损失：洪水冲毁水利工程，如水库、水电站、堤防、桥梁、渠道护岸、水中排灌站等；冲毁交通运输工程，如铁路、公路、通信线路等；冲毁公用工程，如变电站、电视塔、给排水工程等。所有上述各项工程损失，可用国家拨付的工程修复专款来估算。

(6) 交通运输中断损失：铁路、公路、航运、电信等因水毁中断，客、货运被迫停止所遭受的损失。尤其是铁路中断，对国民经济影响甚大，主要包括以下几个方面。

1) 线路中断修复费：在遭遇各种频率洪水时，可按不同工程情况，估算铁路损坏长度，再以单位长度铁路造价的扩大指标进行估算。

2) 中断期间客、货运费的损失：估算不同频率洪水时运输中断的天数，设计水平年或计算基准年的客货运量、加权运距等，再按运价、票价运输成本等计算运输损失值。

3) 间接损失：关于铁路中断引起的间接损失，有一种情况是工矿企业的原材料、产品不能及时运进、运出，对生产和消费产生一系列的连锁反应，但这样考虑的范围很广，任意性很大。另一种情况是工矿企业和其他行业所需要的原材料、物质等商品，一般均有储备，当铁路中断时，可动用储备。目前国外一般是用绕道运输的办法来完成同样的运输任务，以绕道增加的费用来计算铁路中断损失。也可以按停掉那些占用运输量大、产值利润小的企业损失来计算。

(7) 其他损失：水灾后国家支付的生产救灾、医疗救护、伤病、抚恤等经费，洪水袭击时抗洪抢险费用，堤防决口、洪水泛滥、泥沙毁田、淤塞河道及排灌设施和土地地力恢复等损失费用。

三、防洪工程的投资及年运行费

防洪工程项目的经济比较以防洪工程的效益和费用为依据，防洪工程的费用包括防洪工程的投资及年运行费。防洪工程的投资费用与防洪标准直接相关，任何一项防洪工程或方案的投资费用额，总是针对某一个已定的防洪标准水平。工程投资随防洪标准的不同而变化，即防洪标准定得越高，投资就越大；反之则越少。

1. 防洪工程投资

防洪工程投资主要指主体工程、附属工程、配套工程、移民安置费用以及环境保护、维持生态平衡所需的投资。应包括为达到既定的防洪标准所必须投入的材料、设备、机械、赔偿费及劳动力等，并换算成货币价值量表示。

为统计方便，防洪工程投资通常按以下几种方式分项计算：

(1) 永久性工程投资：包括主体工程建筑物、附属工程建筑物、配套工程的投资，设备购置和安置费用。

(2) 临时性工程投资：主要指采用一些临时的防洪工程所需的投资。

(3) 其他投资：包括移民安置、淹没和浸没、挖压占地赔偿费用；处理工程的不利影响，保护或改善生态环境所需的投资；勘测、规划、设计和科学试验等前期费用；生产用具的购置费用；建设单位的管理费用；生产职工的培训费用；预备费和其他必需的投资等。

工程投资也可分为直接投资和辅助投资两部分：

(1) 直接投资是指花费在主要工程上的投资，如大坝、取水建筑物、电站、各种水工建筑物及渠道等。

(2) 辅助投资是指花费在为修建工程的辅助设施上的投资。如动力设施、道路和交通运输工具、施工机械、给排水工程、供电及通信设备、仓库以及管理机构和其他生活福利等公用设施方面的投资。

上述工厂投资的分类，有利于计算总投资中生产与非生产性投资所占的相应比重，使投资的使用更加合理。

也有按以下一般计算式进行统计的表示方法：

$$I_{防} = f(I_{建}, I_{设}, I_{结}, I_{赔}, I_{劳}, I_{他} \cdots) \tag{8-1}$$

式中　$I_{防}$——防洪工程方案或项目的总投资；

$I_{建}$——水工建筑物投资；

$I_{设}$——设备投资；

$I_{结}$——金属结构投资；

$I_{赔}$——赔偿费用相应列入的投资；

$I_{劳}$——劳动力折算的投资；

$I_{他}$——其他投资。

在实际计算中，需要许多实在的资料，并且还要对各种市场价格进行调查分析。

水工建筑物的投资，取决于其工程量及单位价格，前者可以根据设计的工程数量而定，例如坝的混凝土方量，填方和挖方量，堤防的土石方量等。相应这些工程量的单位价格，可以根据对已有工程的收集统计，结合具体工程条件进行分析确定，这样就可以计算出这部分的投资金额。金属结构和起重机械的投资，主要决定于金属结构重量和启闭能力的大小，通过设计确定出它的型号和重量后，具体与有关厂家商定投资的多少。设备主要是施工建设中使用的各种机器，根据需要的数量和型号，按市场价格计算。

防洪工程的赔偿费用，主要为水库淹没区内的移民搬迁费，这往往是很大的一笔费用。另外，堤防修建时的工程占地、土地征用以及部分居民和公共设施迁移的赔偿费等，可按国家有关规定，通过协商议定。

劳动力的投入，可按工程需要，分别对技术工和普通工的人数和工资定额标准换算成投资。其他投资，事前一般难以预算，通常可按工程投资的5%～15%考虑。

2. 防洪工程运行费

防洪工程运行费用，由折旧费，大修、小修及经常性维护费和运行管理费三部分组成。在规划设计中计算运行费用时，以工程投资总额为基数，按一定比例进行估算。对防洪工程中的土建项目部分，一般取工程投资的3%～5%作为其运行费用。

在工程运行中，需要对工程进行财务计算，以核算工程产品成品，并进行财务损益核算，这时需要对工程运行中的各项费用进行逐项详细计算（包括折旧计算）。

工程折旧实质就是对投资的还本计算。任何建筑物和设备等的基建所花的投资，需在运行过程中逐年加以收回，每年回收的数值按其投资的一定百分率（折旧率）计算。一项工程中可能包括各种各样的建筑物和设备，它的使用寿命不同，如表8-1所示，可按相应年份进行折旧计算。

大修费用是建筑物和设备大修时，每年所提取的费用。这种修理可能是几年进行一次，对某些设备的主要部件进行更换，对水工建筑物进行较大的修补，根据规范规定，可由表8-1的分类，按大修理费率提取一定的大修费。

小修及经常性维护费主要包括日常小修费、材料费、工具和燃料费等；运行管理费包括行政开支，工人及管理人员的工资、福利开支、奖金等，要根据当时有关规定的标准进行计算。

表8-1　　水工建筑物的使用寿命

项目		年数	项目		年数
混凝土渠道		75	发电机	3000kV·A以上	28
混凝土水池		50		1000～3000kV·A	25
大坝	木笼坝	25		37kV·A～1000kV·A	17～25
	土　坝	150		37kV·A以下	14～17
	混凝土或石坝	150	核电站		20
	堆石坝	60	压力钢管		50
反滤层		50	混凝土管		20
水槽	混凝土或砌石	75	隧　洞		100
	钢　铁	50	水轮机		35
	木	25	储水池	混凝土	50
水泵		18～25		钢	40
水　库		75		木	20
水　塔		50	井		40～50

四、防洪工程效益计算

防洪工程的效益与灌溉或发电工程的效益不同，是指防洪地区在没有设防洪工程的情况下所产生的损失，减去修建该防洪工程后仍可能产生的洪灾损失之差值。防洪效益和水利建设项目的其他效益相比，具有下述特点：

（1）防洪工程不能直接创造财富，而是把修建工程以后所能减轻或避免的损失视为效益。

（2）防洪工程效益与年际之间变化较大。在一般年份效益较小或几乎没有效益，遇到大洪水时才能体现出很大的效益。这种效益带有“潜在”性质，有人称这种效益为“潜在效益”。所以，防洪工程的效益不能按年计算。如果在某一时段内多年不出现大洪水，则按多年平均值计算可能偏低。

（3）洪灾损失有经济和非经济损失，两者均有广泛的社会性，需从全社会角度考虑。

（4）随着国民经济的发展，防洪保护区内的工农生产也随之发展，则其防洪效益也将相应增加。

（5）防洪工程有很大的经济效益，但作为防洪工程的管理单位，目前一般没有防洪财务收入，因此可以不进行财务分析。

（6）除经济效益外，防洪工程还有社会和环境效益。

（7）有些防洪工程还有一定的负效益。如果专门为防洪而修建的水库会淹没大量的土地，还会使得村庄城镇搬迁。作为防御特大洪水的分洪区分洪时居民要迁移，因滞蓄洪水而淹没土地和村庄。

洪灾损失与淹没的范围、淹没的深度，历时和淹没的对象有关，还与决口流量、引洪流速有关，这些图表是估计洪灾的基本资料。

不同频率洪水的损失不同，在经济分析中要求用年平均损失值衡量，因此需要计算工程修建前后不同频率洪水的灾害损失，求出工程修建前后的年平均损失差值。

洪灾损失一般可通过历史资料对比法和水文水利计算法确定，具体计算步骤和内容如下。

（一）洪水淹没范围

根据历史上几次典型洪水资料，通过水文水利计算，求出拟建防洪工程兴建后河道、分蓄洪区淹没的水位和流量，由地形图和有关的淹没资料查出防洪工程兴建后的淹没范围、耕地面积、人口以及淹没对象的数量。

在进行水文水利计算时，要考虑防护地区的具体条件，河道、地形特点，拟定防洪工程（如水库、分蓄洪工程）的控制运用方式，把堤防决口，分蓄洪区行洪的水力学条件等作为计算依据。这种方法已经被广泛应用，其优点是能进行不同方案各种典型洪水的计算，同时能考虑各种具体条件，缺点是工作量太大，有些假定可能与实际出入较大。

（二）水灾损失率

目前水灾损失率都是通过在本地区或经济和地形地貌相似的地区，对若干次已经发生过的大洪水进行典型调查分析确定的。以下是调查实例，见表8－2（a）、表8－2（b）。

（三）洪灾损失计算

洪灾损失包括农业、林业、工程设施、交通运输以及个人、集体、国家财产等损失，通常根据受淹地区典型调查材料，确定淹没损失指标，一般用每亩综合损失率表示，然后根据每亩综合损失率指标和淹没面积，确定洪灾损失值。

由于调查的是各种典型年的洪灾损失，防洪的年平均效益则为防洪措施实施的年平均损失，减去防洪措施实施后的年平均损失，可以采用频率曲线法、实际年系列平均法求

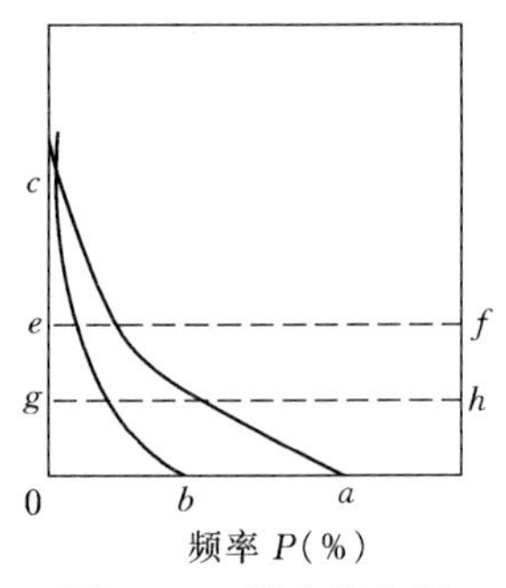

图 8-1 洪灾损失频率曲线

出，现分述如下。

1. 频率曲线法

洪水成灾面积及其损失，与暴雨洪水频率等有关，因此必须对不同频率的洪水进行调查计算，以便制作洪灾损失频率曲线，从而求算年平均损失值，其计算步骤包括以下几个方面。

（1）对未修工程前和修建防洪工程后分别计算不同频率洪水时受灾面积及其相应的洪灾损失，由此即可绘制修建工程前后的洪灾损失频率曲线，如图 8-1 所示。

（2）曲线与两坐标轴所包括的面积，即为修建工程前、后各自的多年洪灾损失（$0ac$、$0bc$），并求出相应整个横坐标轴（0～100%）上的平均值，其纵坐标即为各自的年平均洪灾损失值。如图 8-1 中的 $0e$，即为未修工程前的年平均值，而 $0g$ 为修建该工程后的年平均值。二者之差值（ge）即为工程实施前、后的年平均洪灾损失的差值，此即为工程的防洪效益。

表 8-2（a） 若干省、区典型调查洪水灾害损失表 单位：元/亩

地区及洪水		损失率	备注
调查单位	洪水灾情		
河南	某地区 1975 年 8 月洪水	475	受灾面积 297 万亩
河南	某县 1982 年洪水	263	受灾面积 51 万亩
安徽	某地区 1979 年洪水	560	受灾面积 85.3 万亩
广东	某县 1979 年洪水	600	
黄委	某地区 1975 年 8 月洪水， 某滞洪区（1979 年调查）	340 450	受灾面积 1000 万亩
长办	长江流域几个分洪区调查	905～986	

表 8-2（b） 某省某地区 1975 年 8 月洪水淹没损失统计表（成灾面积 297 万亩）

项目	数量	单价	总值（万元）
一、直接损失			
1. 农业			31991
粮食作物	178.84 万亩	100 元/亩	17884
经济作物	117.56 万亩	120 元/亩	14107
2. 粮食储备	54000 万斤	0.2 元/斤	10800
3. 水利工程			2461
堤防			2075
小型水库	8 座		386
4. 群众财产			64507
房屋	107.8 万间	500 元/间	53900
家庭日用品			10394
牛、骡、马	2070 头		137
猪、羊	12930 头		76
5. 冲毁铁路路基、道渣、钢轨、桥涵、损失机车、货车等			175
6. 其他（通信仓库等）			7416

续表

项　　目	数　　量	单　　价	总　　值（万元）
二、间接损失			23733
1. 生产救灾			13900
2. 工厂停产（仓库受淹、停产1个月）			7600
3. 京广路运输（中断1个月）			2233
三、总计			141083
平均每亩损失（元/亩）			475

根据洪灾损失频率曲线，可用下式计算年平均损失值 S_0。

图 8-2 中 S_0 以下的阴影面积，即为多年平均洪灾损失值，即

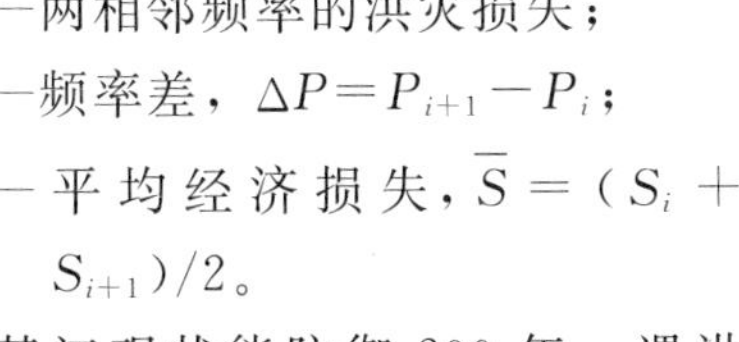

$$S_0=\sum_{P=0}^{1}(P_{i+1}-P_i)(S_i+S_{i+1})/2=\sum_{P=0}^{1}\Delta P\overline{S} \tag{8-2}$$

式中　P_i，P_{i+1}——两相邻频率；

S_i，S_{i+1}——两相邻频率的洪灾损失；

ΔP——频率差，$\Delta P=P_{i+1}-P_i$；

$\overline{S}$——平均经济损失，$\overline{S}=(S_i+S_{i+1})/2$。

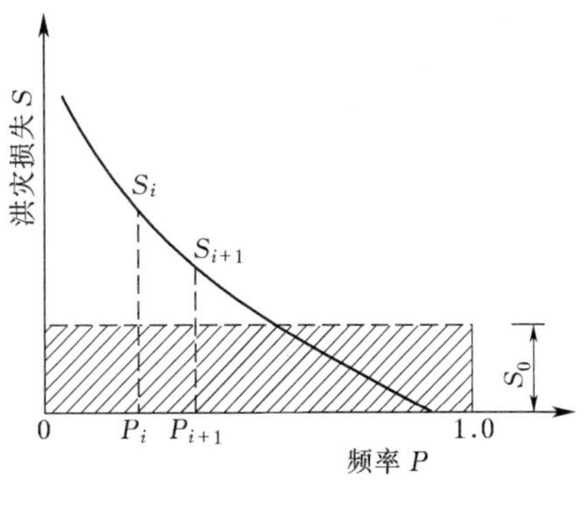

图 8-2　多年平均洪灾损失计算

【例 8-1】　某江现状能防御 200 年一遇洪水，超过此标准即发生决口。该江某水库建成后，能防御 4000 年一遇洪水，超过此标准时也假定决口。修建水库前（现状）与修建水库后在遭遇各种不同频率洪水时的损失值，见表 8-3，试计算水库防洪效益。

表 8-3　　　　**洪灾损失计算表**

工程情况	洪水频率 P	经济损失 S（亿元）	频率差 ΔP	$\overline{S}=\frac{S_2+S_1}{2}$（亿元）	ΔPS（万元）	年平均损失（万元）	年平均效益（万元）
现状	>0.005	0					
	≤0.005	33					
			0.004	37	1480	1895	
	0.001	41					
			0.0009	46	415		
	0.0001	50					
修建水库后	>0.00025	0					
	≤0.00025	33				54	1841
			0.00015	36	54		
	0.0001	39					

解　根据表 8-3 所列数据进行洪灾损失计算，由式（8-1）可求得年平均效益 $B=$1841 万元。

2. 实际年系列法

从历史资料中选择一段洪水灾害资料比较齐全的实际年系列，逐年计算洪灾损失，取其平均值作为年平均洪灾损失。这种方法所选用的计算时段，对实际洪水的代表性和计算结果有较大影响。

【例 8-2】 某水库 1950 年建成后对下游地区发挥了较大的防洪效益。据调查，在 1951～1990 年间共发生四次较大洪水（1954 年、1956 年、1958 年、1981 年），由于修建了水库，这四年该地区均未发生洪水灾害；假若未修建该水库，估计受灾面积及受灾损失如表 8-4 所列。

表 8-4 某地区 1951～1990 年在无水库情况下受灾损失估计

年 份	1954	1956	1958	1981
受灾面积（万亩）	10	84	17	15
受灾损失（万元）	3000	25200	5100	4500

在这 40 年（1951～1990 年）内，若未修建水库，总计受灾损失共达 37800 万元，相应年平均防洪效益为 945 万元/年。

（四）考虑国民经济增长率的防洪效益计算

随着国民经济的发展，防洪保护区内的财产是逐年递增的，一旦遭受淹没，其单位面积的损失值也是逐年递增的。设 S_0、A 分别为防洪工程减淹范围内单位面积的年平均综合损失值及年平均减淹面积，则年平均防洪效益为

$$b_0 = S_0 A \tag{8-3}$$

设防洪区内洪灾损失的年增长率（即防洪效益年增长率）为 j，则

$$b_t = b_0 (1+j)^t \tag{8-4}$$

式中 b_t——防洪工程经济寿命期内第 t 年后的防洪效益期望值；

t——年份序号，$t=1, 2, \cdots, n$；其中 n 即为经济寿命（年）。

设计算基准年在防洪工程的生产期初，则在整个生产期（即经济寿命期）内的防洪效益现值为

$$\begin{aligned} B &= \sum_{t=1}^{n} b_0 (1+j)^t (1+i)^{-t} \\ &= b_0 \frac{1+j}{1+i} + b_0 \frac{(1+j)^2}{(1+i)^2} + \cdots + b_0 \frac{(1+j)^n}{(1+i)^n} \\ &= \frac{1+j}{1+i}\left[\frac{(1+i)^n - (1+j)^n}{(1+i)^n}\right] b_0 \end{aligned} \tag{8-5}$$

【例 8-3】 已知某防洪工程的年平均防洪效益 $b_0 = 945$ 万元/年，该工程的经济寿命 $n=50$ 年，社会折现率 $i=12\%$，防洪效益年增长率 $j=0$、$j=3\%$ 及 $j=5\%$ 共三种情况，试分别求出在不同 j 值情况下该工程的防洪效益现值 B（计算基准年在生产期初）。

解 当 $j=0$ 时，则

$$B = \left[\frac{(1+i)^n - 1}{i(1+i)^n}\right] b_0$$

$$=945\times 8.3045=7848\text{万元}$$

当 $j=3\%$ 时，则

$$B=\frac{1+j}{i-j}\left[\frac{(1+i)^n-(1+j)^n}{(1+i)^n}\right]b_0=\frac{1+0.03}{0.12-0.03}\left[\frac{(1+0.12)^{50}-(1+0.03)^{50}}{(1+0.12)^{50}}\right]b_0$$

$$=11.3\times 945=10678(\text{万元})$$

当 $j=5\%$ 时，则

$$B=\frac{1+0.05}{0.12-0.05}\times\frac{(1+0.12)^{50}-(1+0.05)^{50}}{(1+0.12)^{50}}b_0$$

$$=945\times 14.4=13608(\text{万元})$$

第二节　防洪工程经济评价

防洪工程经济评价是国民经济评价，因防洪工程一般并无财务收入，故不需作财务评价。

在防洪对策中，可以有不同的工程措施，或不同的防洪措施组合，来实现一定水平的防洪目标，即为达到一定目标的防洪要求，可供选择的方案众多。在一定条件下，需要比较分析不同方案的经济合理性。防洪工程经济评价，就是对技术上可能的各种措施方案及其规模进行投资、运行费、效益等的经济分析计算，并综合考虑其他因素，确定最优防洪工程方案及其相应的技术经济参数和有关指标。不同的防洪标准，不同的工程规模，不同的技术参数，均可视为经济分析计算中的不同方案。要从许多可供选择的方案中选择出经济上最有利的方案，就需要在各方案之间进行经济比较。因此必须有一个客观的经济衡量标准，防洪部门的经济准则，形式上与其他水利部门的没有什么区别。在防洪工程的分析中，是通过工程所耗费的投资费用和能获得的经济效益两个方面的得失关系来衡量和评价工程是否经济合理的。相应的经济准则可用下列三种关系体现：

(1) 以耗费资金最小为经济准则。这种仅以资金费用而不考虑经济效益的经济准则，它的一般形式可表示为

$$K_S=\min \tag{8-6}$$

$$U_S=\min \tag{8-7}$$

$$K_S+U_S=\min \tag{8-8}$$

式中　K_S——工程折算总投资；

U_S——计算时期内折算总（或年）运行费。

(2) 以收益最大为经济准则。以达到经济效益最大的目标作为经济准则，可以用下列形式简要表示

$$B=\max \tag{8-9}$$

式中　B——某项工程（或方案）可能获得的效益，对防洪工程（方案）可以按能够防御的洪灾最大为目标函数。

(3) 费用与效益两者关系作为经济准则。如果采用费用与效益两方相互之间的关系作为经济准则，能够比较全面地反映一项工程（方案）的经济特性。表达这种经济准则可以

有下列的不同形式：

$$EN = \max\{B - C\} \tag{8-10}$$

$$R = B/C \tag{8-11}$$

$$|RR = i|_{B=C} \tag{8-12}$$

上述分别以效益、费用以及它们之间相互关系表示的有关经济准则，一般说以第三种形式为好。但在某些特殊情况下，使用简化的准则，可以使经济计算大为简化，也同样能选择出经济有利的方案。

由于防洪经济的复杂性和影响的广泛性，经济计算难以全面地反映防洪工程的效果。为此，除了需要进行必要的经济计算外，尚需对工程的其他影响进行分析，最后才能作出全面的评价。至于评价的内容，则因各种工程的性质而有所不同，一般来说，包括防洪工程对社会发展的影响，经济发展的迫切要求程度，对防洪区域内保护广大城乡人民生命和财产的重要意义以及可能的生态环境变化等方面。防洪工程经济评价内容与步骤包括以下几个方面。

（1）防洪经济效益分析计算。

（2）经济分析。

1）效益、费用现值计算。

2）经济指标计算。

（3）经济效果评价：上述两步计算可得方案的经济指标，通过经济分析可得工程经济效果和方案的可行性。经过敏感性分析及综合评价，确定比较合理的可行方案。

第三节　防洪工程经济评价案例

防洪工程的经济特点是没有财务收入，特别是对防洪部门，不像水电和供水部门那样，每年有固定的财务收入。为此，对于防洪工程的规划设计不需要进行财务平衡计算分析。但是，在选择防洪工程方案和工程规模时，仍要进行经济计算，并作出全面的分析和评价。经济计算的方法，可采用在前一节中已经介绍过的主要方法，可以利用一种或几种方法同时计算，得出主要的计算成果和经济指标，作为经济分析的基本经济依据。

下面引用第三节的实例进行具体计算、分析和评价，以示防洪工程进行经济分析及评价的概貌和步骤。

【例 8-4】　已知防洪水库计划 1986 年开工，工期为 5 年，至 1990 年建成，计划投资 25000 万元（1991 年价格水平），其逐年投资过程见表 8-5。年运行费按分项工程拨款的百分比计算，见表 8-6 。

试对该水库进行经济分析和经济效果评价（以工程投产年 1991 年为基准年）。

表 8-5　　**某防洪水库计划投资过程**　　单位：万元

年　份	1986	1987	1988	1989	1990	合计
计划投资	3000	4000	5000	6000	7000	25000

表 8-6　　分项投资组成及年运行费计算　　单位：万元

建设项目	投资拨款	年运行费占拨款值百分比（%）				年运行费
		维修	管理	其他	合计	
土建	14000	0.8	0.5	0.2	1.5	210
金属结构	4500	1.5	1.8	0.2	3.5	157.5
库区迁移	6500			0.1	0.1	650
合计	25000					1017.5

解　计算步骤如下：

1. 防洪经济效益计算（详见第一节实例）

按水文水利计算求得建库前、后各种频率洪水的受灾面积，并根据调查分析损失率求出

$$A=1867\times(1+0.02)^{6}=2102.5(\text{万元})$$

淹没损失，见表 8-6。根据表 8-7 的数据，可绘出有、无水库防洪时的洪水频率 P 与洪水损失关系曲线，如图 8-1 所示。无防洪水库和有防洪水库的多年平均损失计算见表 8-8，由此可知该水库多年平均防洪效益为 1867 万元（1984 年底价格水平）。由于投资的价格水平为 1991 年的数值，所以还需将该防洪效益值核算到 1991 年的价格水平（设效益的增长率 $f=2\%$，$n=6$）。

表 8-7　　某防洪水库效益费用现值计算　　单位：万元

年份	序列 t	投资 K			年运行费 U			费用现值合计	效益 B		
		投资 K_t	复利系数	现值	年运行费 U_c	复利系数	现值		E_b	复利系数	现值
1986	$n0:1$	3000	1.338	4014							
1987	$n0:2$	4000	1.262	5048							
1988	$n0:3$	5000	1.191	5955							
1989	$n0:4$	6000	1.124	6744							
1990	$n0:5$	7000	1.060	7420							
1991	$n1:1$				387				$2102.5\times(1+0.02)^{1}$		
1992	$n1:2$				387				$2102.5\times(1+0.02)^{2}$		
…					…		15.7619		…		
…					…	15.7619	×387		…		45760
…					…		=6100		…		
…					…				…		
2040	50				387				$2102.5\times(1+0.02)^{50}$		
总现值			29181			6100	335281			45760	
年现值			1853			387	2240			2906	

注　$I=0.06$，$j=0.02$，1991 年为基准年。

表 8-8　无防洪水库和有防洪水库的多年平均损失计算表（1984 年年底水平）

频率 P	ΔP	无水库情况下损失（万元）				有水库后损失（万元）			
		损失 I_i	$\overline{I}=(I_i+I_{i+1})/2$	ΔPI	多年平均损失 $I_0=\sum PI$	损失 I_i	$\overline{I}=(I_i+I_{i+1})/2$	ΔPI	多年平均损失 $I_0=\sum PI$
0.34		0				0			0
	0.14		2290	320					
0.20		4580			320	0			0
	0.10		6226	623					
0.10		7871			943	0			0
	0.05		10142	507			1347	67	
0.05		12414			1450	2693			67
	0.04		15030	601			4702	188	
0.01		17645			2051	6712			255
	0.009		19370	174			11805	106	
0.001		21096			2225	16897			361
	0.0009		21962	20			18997	17	
0.0001		22827			2245	21096			378

2. 经济分析

(1) 效益、费用现值计算。以 1991 年（初）为折算基准年，现金流量过程如图 8-3 所示。

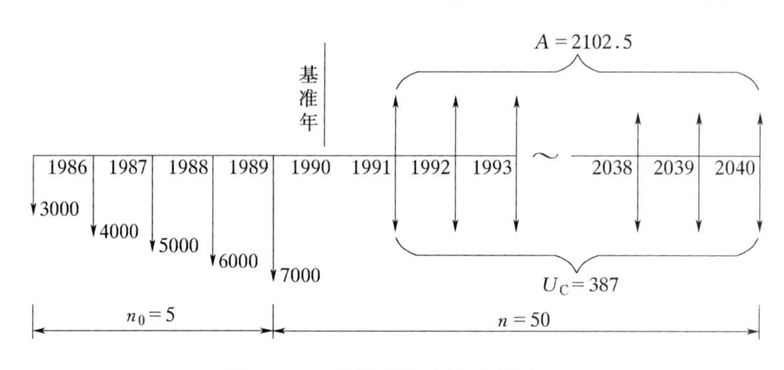

图 8-3　实例现金流量过程图

折算结果见表 8-7，其中投资折算可以按等差公式，也可以按一次付款公式（投资次数只有 5 次，计算并不复杂）然后求和：

$$K=\sum_{t=1}^{5}K_t(1+i)^{(6-t)}，I=6\%，\text{单位：万元}$$

其中 $K_1=3000$，$K_2=4000$，$K_3=5000$，$K_4=6000$，$K_5=7000$；$(6-t)$ 是将各年投资折算到基准年的计息年数；运行费的折算，得出 $U=U_c\dfrac{(1+i)^n-1}{i(1+i)^n}$，代入已知的 i，n 数值折算因子值为 15.7619；效益折算时先要确定防洪效益的增长率 f，这是防洪效益的特点，本例中，取 f 为 2%，则防洪效益折算到基准年的总现值为

$$B=\sum_{t=i}^{n}A(1+f)^t(1+i)^{-t}$$

这是个等比级数增长的系列求折算的现值之和的计算，可以由等比数列级数增长系列现值折算公式（请参阅有关工程经济的教材）导出该实例的效益现值折算式，这时上式可以写成：

$$B=A\frac{(1+i)^{n}-(1+f)^{n}}{(i-f)(1+i)^{n}}(1+f)$$

代入已知的 i，f，n 的数值，折算因子值为 21.7712。水库的投资、运行费和防洪效益的现值（折算）计算结果见表 8－7。由此进一步可以计算出效益总现值为 $B=45760$ 万元，效益年值为 $B_{年}=2906$ 万元；费用总现值 $C_{总}=35281$ 万元，费用年值 $C_{年}=2240$ 万元。

（2）经济指标计算。

1）效益费用比。

$$R=B/C=45760/35281=1.30$$

2）净效益（经济净现值）。

总净效益：$B_{总}-C_{总}=45760-35281=10479$（万元）；

年净效益：$B_{年}-C_{年}=2906-2240=666$（万元）。

3. 经济效果评价

从上面可以看出，本工程的效益费用比大于 1.0，净效益大于 0，因此本工程的经济效果是好的，方案是可取的。如果再考虑特大洪水所造成的毁灭性灾害以及无法用货币表示的生命死亡、疾病流行、社会动荡不安、违法事件增加等无形损失的效益，那么这个防洪水库就更该修建了。

第九章 供水工程评价

1949 年全国解放后，尤其是 1978 年改革开放以来，我国水的供需矛盾日益尖锐，全国约有 400 多个城市普遍出现缺水现象，有 100 多个城市缺水较为严重。出现这一问题的原因较多，其中主要有工业的迅速发展、城市规模的不断扩大与人口的大量增加、水资源短缺与时空分布不均、水污染严重与重复利用率偏低，以及城市人民生活水平的不断提高引起对水的需求量增加，加之人为缺水因素更进一步加剧了这一矛盾。解决这一问题的途径不外乎开源和节流，一方面应大力采取各种节约用水措施，提高水的重复利用率，另一方面逐步建设跨流域调水工程，例如南水北调工程、地下找水工程等，以解决水源问题。无论修建什么样的供水工程，都必须通过方案设计，评价选优，选择技术上合理、经济上可行的最佳方案。水利工程经济评价的目的就是通过对各个参选方案的经济评价指标进行计算、分析对比，选出经济上可行的最佳方案，为供水工程建设决策提供依据。

第一节 供水工程效益

供水工程项目的效益是指有、无项目对比可为城镇居民增供生活用水和为工矿企业增供生产用水所获得的经济效益。供水工程效益直接由用水量、供水水价、供水地区经济发展状况以及人民的生活水平所决定，同时，也与供水成本密切相关。在供水地区工业生产持续发展，经济迅速发展，人民物质文化生活不断提高的情况下，城镇供方水量将会显著上升，供水工程效益也将随之增加。在供水量不变的情况下，当单位供水成本较高时，供水工程效益会减少一些；反之，当单位供水成本较低时，供水工程效益会增高一些。

一、供水的内容

城镇用水主要包括城镇居民生活用水、工业用水、郊区农副业生产用水。城镇居民生活用水主要指家庭生活、环境、公共设施等用水；工业用水主要指工矿企业在生产过程中用于制造、加工、冷却、空调、净化等部门的用水。据统计，在现代化大城市用水中，生活用水约占城市总用水量的 30%～40%，工业用水约占 60%～70%。现着重分析生活用水和工业用水。

1. 生活用水

随着城市人口的增加和生活水平的提高，城市生活用水量平均每年递增 3%～5%。在城市生活用水中，家庭生活用水量约占 50%，机关、学校、医院、商业、宾馆等部门的用水量约占 50%左右。目前我国城市生活用水量的标准还是比较低的，人均用水量约为 150～200L/d 左右，远远低于发达国家的人均用水量 300～500L/d 。

今后城市生活用水量的预测，可以现状为基础，适当考虑生活水平提高和人口增长等因素，拟定合理的用水标准进行估算。当缺乏资料时，可参照国家城建总局推荐的用水标准拟定，参阅表 9-1。

表 9-1　　不同发展阶段的城市生活用水标准　　单位：L/d

城市类型＼发展阶段	现　状	近　期	远　期
小城市（10万～50万人）	60～70	70～90	90～120
中城市（50万～100万人）		80～100	10～150
大城市（100万人以上）	80～120	120～180	180～250

2. 工业用水

根据生产中的用水情况，工业用水大体上可分为四类。

(1) 冷却水。冷却水是指在工业生产过程中用来冷却生产设备的水。在钢铁冶炼、化工和火力发电等工业生产中的冷却用水量很大，在某些滨海城市大量采用海水作为冷却水，以弥补当地淡水资源的不足。在城市工业区冷却水量一般占工业总用水量的 70%左右。

(2) 空调水。空调水是指用来调节生产车间的温度和湿度的水。在纺织工业、电子仪表工业、精密机械工业生产中均需要较多的空调水。

(3) 产品用水。产品用水包括原料用水和介质用水。原料用水是指把水作为产品的生产原料，最终成为产品的组分，例如生产饮料、罐头、注射液等所用的水；介质用水是指把水作为生产介质，参与生产过程，水被用过后即被排放出来，排放出来的水中往往带有许多杂质，是污染力比较强的工业废水，例如印染厂、造纸厂、选矿场和电镀池等所用过的水，必须进行水质处理，确保城市环境卫生。

(4) 其他用水。其他用水包括场地清洗用水、车间用水、职工生活用水等。

工业用水量是否合理的评价标准，一般有以下几种：

1) 单位产品用水量。常表示某些工厂单位产品的用水量，例如：m^3/t 钢，m^3/t 纸等。国外先进工厂炼钢用水指标为 $4\sim15m^3/t$ 钢，我国钢厂一般为 $40\sim80m^3/t$ 钢，吨钢用水量差距是比较大的。但是，随着技术水平的提高，这种差距将逐步缩小。

2) 单位产值用水量。这是一个综合用水指标，我国广泛采用以万元产值用水量（m^3/万元）表示，该指标与工业结构、生产工艺、技术水平等因素有关。我国各城市之间的差别很大，参阅表 9-2。

表 9-2　　我国若干城市的工业万元产值用水量　　单位：m^3/万元

城市	年份	万元产值用水量	城市	年份	万元产值用水量
北京	1982	274	大连	1988	104
天津	1983	177	鞍山	1980	667
上海	1980	151	唐山	1982	628
青岛	1980	110	郑州	1981	373

3) 工业用水量重复利用率（参阅表 9-3）。工业用水的循环利用中，提高循环利用

率是节约用水和保护水源的有效措施，它比较科学地反映出各工厂、各行业用水的水平，又可以和别的部门、地区，乃至与其他国家进行比较。应该指出，节约用水有着很大的经济效益、环境效益和社会效益，随着城市的发展，新增水源及其供水工程的费用越来越高，而节约用水，提高工业用水的重复利用率所需的投资，往往为新建供水工程投资的1/5～1/10。此外，节约用水还可以减少工业废水量和生活污水量，减少对环境的污染，因而其环境效益也是十分明显的。

表 9－3　　我国若干城市的工业用水重复利用率（1984 年）

城市	重复利用率（%）	城市	重复利用率（%）
北京	70.0	大连	80.0
天津	66.4	唐山	40.0
上海	65.0	哈尔滨	45.0
青岛	80.0	福州	36.0

二、供水工程的投资与年运行费

1. 投资

城镇供水工程投资包括水源工程投资、水厂工程投资、水处理设施工程投资和供水管网工程投资。

（1）水源工程投资。若为地下水水源，取水工程多为水井（少数为截潜流工程），若为地表水水源，可取自河道或水利枢纽，但通常需引水渠道，有时还需一级泵站。后者一般指引水渠首投资。

（2）水厂工程投资。水厂工程投资包括二级泵站、水塔和贮水池等项投资。

（3）水处理设施工程投资。水处理设施工程投资包括引水、沉淀、过滤及消毒等项投资。引水渠道过长，可另列投资。

（4）供水管网投资。供水管网投资指自来水厂引水至用户所需管道的投资。

上述投资，若枢纽工程和引水工程为综合利用，其相应工程投资应进行分摊。

2. 年运行费

城镇供水工程在运行中所需的燃料动力费、材料费、维修费（包括大修理费）、工资及管理行政费和补救赔偿费等，构成年运行费（经营成本）。若城镇供水工程属于综合利用工程的组成部分，其年运行费也应分摊。

三、城市供水工程经济效益估算

城市供水效益主要反映在提高工业产品的数量和质量以及提高居民的生活水平和健康水平。没有水，不但工业生产不能进行，人类也无法生存。城市供水效益不仅仅是经济效益，更重要的是具有难以估算的社会效益，目前采用的计算方法主要是根据《水利建设项目经济评价规范》，城市供水工程项目的效益是指有、无项目对比可为城镇居民增供生活用水和为工矿企业增供生产用水所获得的国民经济效益。其计算方法有以下几种。

1. 最优等效替代工程年费用法

该法是以最优等效替代工程的年费用作为供水工程的年效益。

为满足城市居民生活用水和工业用水，往往在技术上有各种可能的供水方案，例如河湖地面水、当地地下水、由水库输水、从外流域调水或海水淡化等。该方法以节省可获得同等效益的替代措施中最优方案的年费用 $C_{替}$ 作为某供水工程的年效益，见式(9-1)。

【例 9-1】 某市供水工程的年效益，是以引用当地径流和开采当地地下水两项替代措施的年费用表示。引用当地径流工程的总投资为 20 亿元，建设期 5 年，各年均等投入，年运行费 600 万元，开采当地地下水工程的总投资为 15 亿元，建设期 5 年，各年也均等投入，年运行费 500 万元。设社会折现率 $i=12\%$，工程计算期 $n=45$ 年，求该市供水工程年效益。

解 设 K_t 为替代方案在施工期（$t_0 \sim t_b$）第 t 年的投资，u 为替代方案的年运行费，T_0 为计算基准年，可选择在施工期初（$t_0=0$）。则该市供水工程年效益

$$B = C_{替} = \sum_{t=t_0}^{t_b} K_t (1+i)^{T_0 - t} \frac{i(1+i)^n}{(1+i)^n - 1} + u \tag{9-1}$$

将已知数据分别代入式（9-1），则

$$\begin{aligned} C_1 &= 40000 \times \frac{(1+0.12)^5 - 1}{0.12(1+0.12)^5} \times \frac{0.12(1+0.12)^{45}}{(1+0.12)^{45} - 1} + 600 \\ &= 40000 \times 3.605 \times 0.12074 + 600 \\ &= 18011(\text{万元}) \end{aligned}$$

$$\begin{aligned} C_2 &= 30000 \times \frac{(1+0.12)^5 - 1}{0.12(1+0.12)^5} \times \frac{0.12(1+0.12)^{45}}{(1+0.12)^{45} - 1} + 500 \\ &= 30000 \times 3.605 \times 0.12074 + 500 \\ &= 13558(\text{万元}) \end{aligned}$$

经计算，替代方案中引用当地径流工程的年费用 $C_1=18011$ 万元，多年平均供水量 $W_1=841$ 万 m^3；开采当地地下水的年费用 $C_2=13558$ 万元，多年平均供水量 $W_2=17290$ 万 m^3。因此，该市供水工程的年效益 $B=C_1+C_2=31569$ 万元/年，相应单位供水量的效益 $b=1.83$ 元/m^3。

2. 工业缺水损失法

在水资源贫乏地区，可按缺水曾使工矿企业生产遭受的损失计算新建供水工程的效益。在进行具体计算时，应使现有供水工程发挥最大的经济效益，尽可能使不足水量造成的损失最小。在由于供水不足造成减少的产值中，应扣除尚未消耗掉的原材料、燃料、动力等可变费用，即所减少的净效益损失才算作新建供水工程的效益。

【例 9-2】 为某城市建设供水工程项目一座，多年平均引水量 6000 万 m^3。根据该市统计资料，若向市内减少供水 1000 万 m^3，损失工业利税达 3500 万元，试用工业损失法计算供水工程的年效益。

解 每减少 $1m^3$ 供水利税损失，即相应单位水量的供水效益为

$$b = 3500\text{ 万元} \div 1000\text{ 万 } m^3 = 3.5(\text{元}/m^3)$$

该供水工程的年效益为

$$B = Wb = 6000\text{ 万 } m^3 \times 3.5\text{ 元}/m^3 = 21000(\text{万元}/\text{年})$$

附带说明，城镇居民生活供水的效益应大于工业供水的效益，当供水量不足在两者之间发生矛盾时，应优先照顾前者。由于生活供水效益主要表现在政治、社会方面，但难于具体计算其经济效益，考虑到城市生活用水量一般小于工业用水量，因此可把两者供水经济效益合并按上述计算。

3. 分摊系数法

此法是根据供水在工矿企业生产中的地位采用工矿企业的净效益乘以分摊系数计算供水工程效益。此法的关键问题在于如何确定分摊系数。一般采用供水工程的投资（或固定资金）与工矿企业（包括供水工程，下同）的总投资（或固定资金）之比作为分摊系数，或者按供水工程占用的资金（包括固定资金和流动资金）与工矿企业占用总资金之比作为分摊系数。其基本假定是：供水工程的投资与其他工业的投资有相同的投资效益率。

【例 9-3】 某城市建设供水工程项目一座，其投资占该城市工业建设总投资的 8%，该市工业万元产值用水量为 $200m^3$/万元（工业总产值 25 亿元，年用水 6000 万 m^3），工业净产值为工业总产值的 30%。试用分摊系数法计算供水工程效益。

解

（1）按工业总产值分摊法计算。

每立方米供水的效益为

$$\frac{10000}{200} \times 8\% = 4.0(\text{元})$$

年效益为 $$6000 \times 4 = 24000(\text{万元})$$

（2）按工业净产值分摊法计算。

每立方米供水的效益为

$$\frac{10000}{200} \times 30\% \times 8\% = 1.2(\text{元})$$

年效益为 $$6000 \times 1.2 = 7200(\text{万元})$$

由此可见，两种分摊法的计算结果相差很大。一般工业的年运行费率比供水工程的年运行费率大。若考虑这一因素，按工业净产值进行分摊，则较为合理。

分摊系数法，也可直接按供水工程固定资产原值与供水城市的工业固定资产原值之比再乘以供水城市的工业年净产值求得供水工程的年效益。

【例 9-4】 某供水工程固定资产原值为 5 亿元，其城市的工业固定资产原值为 100 亿元，工业年净产值为 30 亿元，则其供水工程年效益为

$$\frac{5}{100} \times 300000 = 15000(\text{万元})$$

本方法仅适用于供水方案已优选后对供水工程效益的近似计算，否则会形成哪个方案占用资金（或投资）越多，其供水效益越大的不合理现象。

4. 在已进行水资源影子价格分析研究的地区可按供水量和影子水价的乘积表示效益

根据国家计委颁布的《建设项目经济评价方法与参数》，项目的效益是指项目对国民经济所作的贡献，其中直接效益是指项目产出物（商品水）用影子价格计算的经济价值，因此用影子水价与供水量计算供水工程的经济效益是可行的，是有理论根据的。

现在存在的问题是由于商品水市场具有区域性、垄断性和变动性等特点，不能采用传统的成本分解法求出影子水价，需提出新的计算方法。当求出某地区的影子水价后即可根据供水工程的供水量估算其经济效益。

对上述各种供水效益计算方法的探讨：

（1）最优等效替代工程法，适用于具有多种供水方案的地区。该方法能够较好地反映替代工程的劳动消耗和劳动占用，避免了直接进行供水经济效益计算中的困难，替代工程的投资与年运行费是比较容易确定和计算的，因此本方法为国内外广泛采用。

（2）工业缺水损失法认为缺水使工业生产遭受的损失，可由新建的供水工程弥补这个损失，以此作为新建工程的效益，关键问题在于如何估算损失值。由于缺水，工厂企业不得不停产、减产，但原材料、燃料、动力并不需要投入，因此减产、停产的总损失值扣除这部分后的余额，才是缺水减产的损失值。

在水资源缺乏地区，当供水工程不能满足各部门的需水要求时，可按单位水量净产值的大小进行排队，以便进行水资源优化分配，使因缺水而使工业生产遭受的损失值最小。如可能，应找出缺水量与工矿企业净损失值的相关关系，求出不同供水保证率与工业净损失值的关系曲线，由此求得的期望损失值作为新建供水工程的年效益更为合理些。

（3）分摊系数法应按供水在生产中的地位分摊总效益，求出供水效益。现在把供水工程作为整个工矿企业的有机组成部分之一，按各组成部分占用资金的大小比例所确定的分摊系数，没有反映水在生产中的特殊重要性，没有体现水利是国民经济的基础产业，因此，用此法所求出的供水效益可能是偏低的。

由于上述计算供水效益的几种方法均存在一些问题，应根据当地水资源特点及生产情况与其他条件，选择其中比较适用的计算方法。由于天然来水的随机性，丰水年供水量多，城市需水量并不一定随之增加，甚至有可能减少，枯水年情况可能恰好相反，因此应通过调研，根据统计资料求出供水效益频率曲线，由此求出各种保证率的供水量及其供水效益。

附带说明，在国民经济评价阶段，应按影子价格计算供水工程的经济效益；在财务评价阶段，应按现行价格及有关规定计算供水工程实际财务收益。

第二节　城镇供水工程评价

供水工程不但能造福于社会，产生显著的社会效益，而且也能给工程管理单位带来一定的财务收入，因此，对供水工程应进行国民经济评价和财务评价。

一、国民经济评价

国民经济评价中水利建设项目的费用，应是国民经济为项目建设投入的全部代价；水利建设项目的效益，应是项目为国民经济所作的全部贡献。国民经济评价应采用影子价格和社会折现率 i_s 计算费用和效益，社会折现率可采用 12%。国民经济评价的核心问题是计算经济效益。可采用“替代方案法”及“工业损失法”等计算供水工程的国民经济效益。一般是利用多年年平均供水量计算多年平均效益，也可由水文系列资料，先计算逐年供水量，再计算逐年供水效益，最后计算多年平均效益。在进行国民经济评价时，一般应采用经济内部回收率、经济净现值、经济净现值率、投资回收年限等经济效果指标进行评价。

1. 经济内部收益率（EIRR）

经济内部收益率即项目在计算期内经济净现值累计等于0时的折现率，是反映项目对国民经济贡献的相对指标。当经济效益费用比大于或等于1时，工程项目在经济上才是合理的。其表达式为

$$\sum_{t=1}^{n}(B-C)_t(1+\text{EIRR})^{-t}=0 \tag{9-2}$$

式中 B——项目某一年的产出效益；

C——项目某一年的费用；

$(B-C)_t$——第 t 年项目的净效益；

n——计算期，包括建设期和生产期；

t——计算期的年份序号，基准年的序号为0。

2. 经济净现值（ENPV）和经济净现值率（ENPVI）

经济净现值是指采用规定的社会折现率，将项目计算期内净效益折算到基准点（一般定在建设期初）的现值之和，是反映项目对国民经济所作贡献的绝对指标。经济净现值等于大于0时，供水工程方案在经济上可行，否则，不可行。经济净现值越大，项目效果越好。其表达式为

$$\text{ENPV}=\sum_{t=1}^{n}(B-C)_t(1+i_s)^{-t} \tag{9-3}$$

经济净现值率是经济净现值与投资现值之比率，它反映项目对国民经济所作贡献的相对指标，与经济净现值相似，经济净现值率等于大于0时，供水工程方案在经济上可行，否则，不可行。经济净现值率越大，项目效果越好。其表达式为

$$\text{ENPVI}=\text{ENPV}/I_P \tag{9-4}$$

3. 经济效益费用比（EB/C）

经济效益费用比EB/C即效益现值与费用现值之比，是反映项目单位费用为国民经济所作贡献的相对指标。当经济效益费用比大于或等于1时，供水工程项目在经济上才是合理的。其表达式为

$$\text{EB/C}=\frac{\sum_{t=1}^{n}B_t(1+i_s)^{-t}}{\sum_{t=1}^{n}C_t(1+i_s)^{-t}} \tag{9-5}$$

二、财务评价

财务评价，按市场实际价格计算财务效益。行业基准收益率应按部门规定采用，目前可采用7%。根据国家有关规定，水利供水工程免交税金；城镇供水工程的国家贷款年利率曾用3%，若有变动以新利率为准。一般应采用财务内部收益率、财务净现值率和贷款偿还期作为主要评价指标，并以投资利税率作为辅助指标，进行财务评价。

1. 财务内部收益率

财务内部收益率是指项目在计算期内各年净现金流量现值累计等于0时的折现率，其表达式为

$$\sum_{t=1}^{n}(B-C)_t(1+\mathrm{FIRR})^{-t}=0 \tag{9-6}$$

式中　B——现金流入量；

C——现金流出量；

$(B-C)_t$——第 t 年的净现金流量；

n——计算期。

当财务内部收益率大于或等于行业基准收益率时，工程项目在财务上才是可行的，且财务内部收益率越大方案越优。

2. 财务净现值（FNPV）和净现值率（FNPVI）

财务净现值和净现值率都是反映项目在计算期内获利能力的动态评价指标。前者是指项目按行业基准收益率（i_c）将各年的净现金流量折现到建设期初的现值之和，后者是项目净现值与全部投资现值 I_P 之比，其表达式为

$$\mathrm{FNPV}=\sum_{t=1}^{n}(B-C)_t(1+i_c)^{-t} \tag{9-7}$$

财务净现值等于大于0时，供水工程方案在财务上可行，否则，不可行。财务净现值越大，项目效果越好。

经济净现值率是经济净现值与投资现值之比率，它反映项目对国民经济所作贡献的相对指标，与经济净现值相似，经济净现值率等于大于0时，供水工程方案在经济上可行，否则，不可行。经济净现值率越大，项目效果越好。其表达式为

$$\mathrm{ENPVI}=\frac{\mathrm{FNPV}}{I_P} \tag{9-8}$$

3. 投资回收期 T

投资回收期是以项目的净收益抵偿全部投资所需的时间，它是反映项目财务上投资回收能力的一项指标。投资回收期 P_t 的表达式为

$$\sum_{t=1}^{T}(B-C)_t(1+i_c)^{-t}=0 \tag{9-9}$$

当投资回收期小于等于基准回收期时，方案在财务上是可行的，否则不可行。投资回收期越短的方案越好。

4. 贷款偿还期 P_d

贷款偿还期是指在国家财务规定及项目具体财务条件下，项目投资后可以用作还款的利润、折旧、减免税金及其他收益额偿还贷款本金和利息所需的时间。其表达式为

$$I_d=\sum_{t=1}^{P_d}(R_P+D'+D''-R_r)(1+i)^{-t} \tag{9-10}$$

当贷款偿还期小于等于银行规定的期限时，方案在财务上是可行的，否则不可行。贷

款偿还期越短的方案越好。

5. 资金利税率

资金利税率是指项目达到设计生产能力后的一个正常生产年份的年利润、税金总额与资金的比率，其计算公式为

$$资金利税率=\frac{年利润和税金总额}{固定资金+流动资金}\times 100\% \tag{9-11}$$

资金利税率与基准利税作比较，资金利税率大于或等于基准利税时，方案在财务上可行，且资金利税率越高越好。

三、城镇供水工程评价的方法与步骤

对城镇供水工程无论进行国民经济评价或财务评价，其方法与步骤基本相同，大体上可归纳为四大步：

（1）搜集并整理资料，主要搜集与供水工程有关的投资、运行费和效益，以及拟建供水工程地区的经济、政治、文化以及人民生活状况，并对搜集到的资料加以整理，以便下一步使用。

（2）计算供水工程的投资、年运行费和效益，以便下一步使用。

（3）计算供水工程评价指标，为评价、选优方案做准备。

（4）评价选优方案，用计算出的评价指标进行判断，再结合其他非经济指标（如国民经济发展、政治、文化以及人民生活的需要）选定方案。

在对具体工程方案进行分析的时候，应根据实际情况灵活运用。

第三节　城镇供水工程经济评价案例

现结合某一实例对供水工程进行国民经济评价和财务评价的方法加以说明。

【例 9-5】　根据可行性研究报告，某供水工程在建设期内逐年投资见表 9-4。

表 9-4　　供水工程静态与动态投资（基准年在第五年末）　　单位：万元

投资 \ 建设期	第一年	第二年	第三年	第四年	第五年	合计
静态投资（$i=0$）	11874	12751	43670	37874	22875	129044
动态投资（$i=7\%$）	16659	16717	53496	43366	24476	154714
动态投资（$i=10\%$）	19129	18667	58125	45828	25163	166912

已知生产期 $n=40$ 年，建设期 $m=5$ 年，根据调查资料，1991 年工厂企业曾因供水不足（约 4000 万 m^3）所造成的损失达 6200 万元。试对这一供水工程进行评价。

对该工程进行评价的思路是首先进行国民经济评价，然后作财务评价，最后进行讨论。

一、国民经济评价

国民经济评价中水利建设项目的费用，应是国民经济为项目建设投入的全部代价；水利建设项目的效益，应是项目为国民经济所作的全部贡献。国民经济评价应采用影子价格

和社会折现率（$i_s=12\%$）计算费用和效益。在此国民经济评价以经济内部收益率、经济净现值和经济效益费用比作为评价指标。

1. 经济内部收益率（EIRR）

本供水工程项目并无适当的替代工程措施，市区水源工程已开发殆尽，其经济效益可按因缺水使工业生产遭受的损失计算。相应单位供水量的效益 $b=6200/4000=1.55$ 元/m^3。另外，根据供水在工业生产中的地位，以工业效益值乘以分摊系数计算其经济效益，预测 2003 年供水区工业总产值为 300 亿元，净效益为 95 亿元，供水工程固定资产约占供水区工业总固定资产（包括供水工程）的 4%，由此估算工业供水年经济效益为 95 亿元 $\times 4\%=3.8$ 亿元，工业供水量为 $3.77\times 60.6\%=2.2846$ 亿 m^3，相应单位工业供水量经济效益 $b=3.80/2.2846=1.66$ 元/m^3，采用 $b=1.60$ 元/m^3。本供水工程除上述经济效益外，尚有 10 万亩灌溉效益，经分摊后为 1000 万元。生活供水量为 $3.77\times 39.4\%=1.4854$ 亿 m^3，其单位供水量经济效益应高于工业供水效益，由于难以估算，一般认为其单位供水量经济效益与工业供水效益相同，因此生活供水效益 $=1.4854\times 1.60=2.3766$ 亿元。由此可见，本供水工程年经济效益 $B=3.80+0.100+2.3766=6.2766$ 亿元/年。

根据影子价格求出本供水项目静态投资为 15.7753 亿元，年运行费为0.7613亿元/年。

根据式（9-2），可得

$$(6.2766-0.7613)\frac{(1+\mathrm{EIRR})^n-1}{\mathrm{EIRR}(1+\mathrm{EIRR})^n}\frac{1}{(1+\mathrm{EIRR})^m}-\frac{15.7753}{m}\frac{(1+\mathrm{EIRR})^m-1}{\mathrm{EIRR}(1+\mathrm{EIRR})^m}$$

将 $n=40$ 年，$m=5$ 年代入上式，经试算，求得经济内部收益率 EIRR=22.8%，远大于规定的社会折现率（$i_s=12\%$），因此本工程项目对国民经济是十分有利的。

2. 经济净现值（ENPV）

已知项目经济年平均效益 $=6.2766-0.7613=5.5153$ 亿元，静态投资 $=15.7753$ 亿元，$n=40$，$m=5$（假设建设期内各年投资相同）。根据式（9-3），则

$$\begin{aligned}\mathrm{ENPV}&=5.5153\frac{(1+i_s)^n-1}{i_s(1+i_s)^n}(1+i_s)^{-m}-\frac{15.7753}{m}\frac{(1+i_s)^m-1}{i_s(1+i_s)^m}\\&=5.5153\times 8.244\times 0.5674-3.15506\times 3.605\\&=25.7986-11.3740\\&=14.4246\text{ 亿元}(>0)\end{aligned}$$

求得的经济净现值远大于零，因此本工程在经济上是可行的。

3. 经济效益费用比（EB/C）

将已知的年平均效益 $=6.2766$ 亿元/年，静态投资 $=15.7753$ 亿元，年运行费 $=0.7613$ 亿元/年，$n=40$，$m=5$，$i_s=12\%$，代入式（9-5），可得

$$\begin{aligned}\mathrm{EB/C}&=5.5153\frac{(1+i_s)^n-1}{i_s(1+i_s)^n}\times(1+i_s)^{-m}\\&\bigg/\left[\frac{15.7753}{m}\frac{(1+i_s)^m-1}{i_s(1+i_s)^m}+0.7613\frac{(1+i_s)^n-1}{i_s(1+i_s)^n}(1+i_s)^{-m}\right]\\&=25.7986/11.3740=2.268(>1)\end{aligned}$$

求得的经济效益费用比大于 1，表明本工程在经济上是有利的。

从上列三项经济评价指标看，本供水工程项目对国民经济是十分有利的。

二、财务评价

财务评价以财务内部收益率、财务净现值率和贷款偿还期作为主要评价指标，并以投资利税率作为辅助指标。

1. 财务内部收益率（FIRR）

本供水工程现金流入量即为每年水费收入，假设各年供水水费相等，$B=3.77\times0.606\times0.8$ 元/m³ $+3.77\times0.394\times0.326$ 元/m³ $+0.66\times0.0895$ 元/m³ $=2.371$ 亿元；该工程现金流出量包括两部分，建设期内投资（贷款利率 $i=7\%$）及生产期（$n=40$ 年）内逐年的运行费，假设各年的运行费均为 $C_{运}=0.4942$ 亿元，则由式（9-6）可得

$$(2.371-0.4942)\frac{(1+\text{FIRR})^n-1}{\text{FIRR}(1+\text{FIRR})^n}-15.4714=0 \tag{9-12}$$

当贷款利率 $i=7\%$时，由式（9-12）可求出该工程财务内部收益率 FIRR=12%。

如果贷款利率 $i=10\%$，则

$$(2.371-0.4942)\frac{(1+\text{FIRR})^n-1}{\text{FIRR}(1+\text{FIRR})^n}-16.6912=0 \tag{9-13}$$

由式（9-13）可求出该工程财务内部收益率 FIRR=11%。无论贷款利率 $i=7\%$或10%，该工程财务内部收益率 FIRR>i_c（行业基准收益率 $i_c=10\%$），这说明财务上是可行的。

2. 财务净现值（FNPV）和净现值率（FNPVI）

假设 $i_c=10\%$，$i=7\%$，根据式（9-7）、式（9-8），则

$$\begin{aligned}\text{FNPV}&=(2.371-0.4942)\frac{(1+i_c)^m-1}{i_c(1+i_c)^m}\frac{1}{(1+i_c)^5}-15.4714\frac{1}{(1+i_c)^5}\\&=1.8768\times9.779\times0.6209-15.4714\times0.6209\\&=11.3995-9.6062=1.7893(\text{亿元})(>10\%)\end{aligned}$$

$$\text{FNPVI}=1.7893/9.6062=18.6\%(>10\%)$$

假设 $i_c=10\%$，$i=10\%$，则

$$\begin{aligned}\text{FNPV}&=1.8768\times9.779\times0.6209-16.6912\times0.6209\\&=11.3955-10.3635=1.032(\text{亿元})(>0)\end{aligned}$$

$$\text{FNPVI}=1.032/10.3635=10\%$$

当行业基准收益率 $i_c=10\%$时，无论贷款利率 $i=7\%$或 10%，财务净现值 FNPV 均大于 0，财务净现值率 FNPVR≥10%，因而该工程项目在财务上是有利的。

3. 投资回收期 P_t

当贷款年利率 $i=7\%$，基准收益率 $i_c=10\%$时，根据式（9-9），则

$$(2.371-0.4942)\frac{(1+i_c)^{P_t}-1}{i_c(1+i_c)^{P_c}}-15.4714=0 \tag{9-14}$$

由式（9-14）可求出投资回收期 $P_t=18.2$ 年（从投产开始年算起）。

4. 贷款偿还期 P_d

根据式（9-10）可求得贷款偿还期 P_d。

已知当贷款年利率 $i=7\%$，投资贷款本金和利息之和 $I_d=15.4714$ 亿元，设供水税率为水费收入的3%，则

$$税金=2.371\times3\%=0.0711(亿元)$$

$$R_P=水费收入-折旧费-年运行费-税金$$

$$供水利润=2.371-\frac{15.4714}{40}-0.4942-0.0711=1.4189(亿元)$$

已知年可用于还贷的折旧费 $D'=\frac{15.4714}{40}\times0.8=0.3868\times0.8=0.3094$ 亿元。年可用于还贷的减免税金 $D''=0.0711$ 亿元（设在还贷期间免交税金），还贷期间企业留利15%，即 $R_r=1.4189\times15\%=0.2128$ 亿元。由式（9-10），得

$$I_d=(1.4189+0.3095+0.0711-0.\ 2128)\frac{(1+i)^{P_d}-1}{i(1+i)^{P_d}}=15.4714 \quad (9-15)$$

由式（9-15）可求出贷款偿还期 $P_d=17$ 年（比规定的15年稍长一些）。

5. 资金利税率

资金利税率是指项目达到设计生产能力后的一个正常生产年份的年利润、税金总额与资金的比率，其计算公式为

$$资金利税率=\frac{年利润和税金总额}{固定资金+流动资金}\times100\% \quad (9-16)$$

已知静态投资=129044万元，建设期利息=25670（万元）（$i=7\%$）

故　　固定资金=139243万元(设固定资产形成率为0.9)；

流动资金=0.4942亿元/6=824万元；

利税总额=14189+711=14900万元；

故
$$资金利税率=\frac{14900}{139243+824}=10.6\%$$

比一般工业的资金利税率（10%）高一些，说明此方案在财务上可行。

三、讨论

某市是我国重要的港口城市和工业基地，工业发展速度很快，但本地区属水资源贫乏地区，目前供水十分紧张，地下水资源已过度开发，导致大面积海水入侵，市区地表水资源早已充分开发，供需矛盾十分突出。近几年城市供水连年告急，在用水高峰季节，一些市内居民区白天水压过低，只能等到夜间用“夜来水”，部分企业被迫“以水限产”，严重影响工业产量与质量，因此，尽快修建本供水工程具有重大的国民经济意义，国民经济评价指标在定量上也充分说明了这个问题。

但从供水工程企业本身的财务分析看，尚存在一些问题。

（1）工业供水水价定为0.8元/m^3，生活用水水价定为0.326元/m^3，比目前水价稍低一些，但比过去高了许多，这对自来水厂企业而言，却无利润可言。农业水价定为0.0895元/m^3，约占灌溉效益的60%左右，政府可能要补贴一些水费。

（2）从供水工程企业本身的财务评价指标看，只要静态投资不超过12.9亿元（1990年价格水平），综合贷款利率 $i<7\%$，在财务上还是可行的；只是当贷款利率 $i=7\%$时，投资回收期 $T=18.2$ 年，贷款偿还期 $P_d=17$ 年（均从投产开始年算起），比规定的15

年长。

上述仅是一个举例，实际情况比较复杂，由于规划设计多次发生变化，物价连年上涨，到该工程竣工时总投资（包括建设期贷款利息）可能比上述估计值成倍增加，因此供水水价势必进一步增加。

第十章　水力发电工程评价

第一节　水力发电工程经济评价

一、水力发电工程的特点及类型

电力资源有水电、火电、核电、风力发电、太阳能发电、潮汐发电等，但在今后一定时期内我国能源工业还是以水电和火电为主。因此，在水力发电经济评价中一般以火电作为其代替方案。水力发电工程与其他类型电站相比有以下特点：

(1) 水力发电是一次能源开发（水能）与一次能源向二次能源（电能）转换同时完成的。尽可能地利用丰水期的大量水能资源发电，可有效地节省其他用来发电的可贮性的资源，如节省用作火力发电的燃料等。

(2) 水电机组的启动、停机、增减负荷等操作，方便灵活，速度快，易于适应和改善电力系统的运行状况。在电力系统中调峰、调频、调相和负担事故备用的作用显著。

(3) 水电机组运行简单，事故率低，检修时间短，自动化程度高。

(4) 水力发电前期投资大，建设期长，但水力发电建成后，水电站运行管理费用很小；而火电的年运行费包括固定年运行费和燃料费，固定年运行费主要与装机容量有关，燃料费则与发电量的大小有关。

(5) 水电是清洁的再生能源，污染环境较少，处理得好，蓄水工程还能美化和改善周围环境。

当然，水电站建设会在一定程度上受到气象、水文以及地形、地质等自然条件限制，并且一般远离负荷中心，输变电工程费用较大。

水力发电工程按照不同的分类法分为以下几类。

(1) 按水能的开发目标分为单目标开发的水电站和多目标综合开发水电站工程。

(2) 按水能的开发方式分为单级开发水电站和多极（梯级）开发水电站。

(3) 按水电站与水源的相对位置分为坝式、引水式和混合式水电站。

(4) 按水源的调节程度分为径流（无调节）、日调节、年调节和多年调节水电站。

(5) 按水源类型分为河川式和海洋潮汐式电站等。

水力发电工程的建筑物组成一般包括：闸、坝等挡水建筑物、引水建筑物、输水建筑物、发电主副厂房及机电设备，还有船闸、鱼道、筏道等过坝建筑物。

二、水力发电工程的投资和年运行费

1. 水电站的投资

水电站的投资是指达到设计效益时所需要的全部支出费用，一般包括水电站本身和有关的输、配电网两部分投资。投资内容包括：①主体工程、附属工程和临建工程的投资；②配套工程（含输变电配套和水源配套工程）的投资；③开发性移民工程的投资和淹没、浸没、挖压占地、移民迁建所需费用；④处理工程的不利影响，保护或改善生态环境的费用；⑤勘测、规划、设计、试验等前期工作费用；⑥预备费；⑦其他费用。一般永久性建筑工程约占投资的32%～45%，主要与当地地形、地质、水文、建筑材料和施工方法等因素有关；机电设备的购置和安装约占投资的18%～25%，其中主要为水轮发电机组和升压变电站；临时工程约占投资的15%～20%，其中主要为施工队伍的房屋建设投资和施工机械的购置费等；库区移民安置费和水库淹没损失补偿费以及其他费用约占10%～35%，随着国民经济的发展，该项费用所占比例逐年增加。

关于输变电工程投资分两种情况，对于实行电网统一核算的水电建设项目（发供电统一计算的建设项目），应计入电站和输、变、配电设施的投资；对于实行独立核算的水电建设项目（只发不供建设项目）的投资，一般不计入，而作为一个单项工程项目。

财务评价时，建设项目总投资包括固定资产投资、固定资产投资方向调节税、建设期贷款利息及流动资金。其所形成的资产分为固定资产、无形资产、递延资产及流动资产。

对多目标综合开发项目的工程投资需进行费用分摊，分摊原则包括以下几个方面。

（1）水电开发为主兼有水利开发，且水利设施增加的费用和相应的效益均较小，费用不作分摊，全部计入水电建设项目。

（2）以水利开发为主兼有水电开发时，水电按收益比例分摊共用设施的投资。

（3）水电开发和水利开发各占相当比重时，应进行合理的费用分摊。检查费用分摊的合理性为任何一个受益部门所承担的投资，应不大于本部门等效最优替代工程的投资。各受益部门所承担的投资应不小于可分离投资。各受益部门所承担的投资必须具有合理的经济效果。经过合理性检查，如发现分摊结果未尽合理，可进行适当调整，直至合理为止。

另外，年运行费及折旧费的分摊，比照上述原则和方法进行。

2. 水电站的年运行费

为了维持电站正常运行每年所需的费用，统称为水电站的年运行费，包括大修费、材料费、工资及福利费、维修费、水费、其他费用等。对发供电统一计算的建设项目，还需计算供电年运行费，一般按电网单位供电年运行费乘以本电站售电量计算。

在财务分析和国民经济评价时的差别在于财务分析采用现行价格，国民经济评价采用影子价格。国民经济评价以财务分析的年运行费为基础，用国民经济评价投资与财务分析投资的比率调整。

（1）大修费。为了恢复固定资产原有的物质形态和生产能力，对遭到损耗的主要组成部件进行周期性的更换与修理所需的费用，统称为大修费。一般水电站每隔二三年需进行一次大修理，由于大修费用较大，因此每年从电费中提取一部分作为专用基金供大修时集中使用。

$$大修费 = 固定资产原值 \times 大修费率 \tag{10-1}$$

大修费率取 0.5%～1%，大中型水电站取小值。

(2) 材料费。材料费是指水电站运行、维修和事故处理等所耗用材料、备用品、低值易耗品等的费用。一般根据项目所在地区类似工程近期的实际资料计算。

(3) 工资及福利。工资是指水电站生产和管理部门人员的工资，包括标准工资、附加工资、工资性津贴和非工作时间工资。

$$工资 = 定员总人数 \times 年平均工资额 \tag{10-2}$$

定员总人数按有关部门编制的定员标准规定，与水力发电工程项目的规模有关。工资标准采用水电站所在地同类工程上一年度的统计值，并考虑工资上涨等因素后分析确定。

职工福利是指职工公费医疗费用、困难补助等，按一般按职工工资总额的 14%计算。

(4) 维修费。维修费是指对水电站建筑物和设备进行经常性的检查、维护、养护的费用。

(5) 水费。水费是指不分摊大坝等公用投资的水电站，按当地规定向水库或上游梯级水库缴纳的水费。

(6) 其他费用。其他费用是指不属于以上各项的其他费用，一般包括劳保费、行政管理费、办公费、差旅费、科研教育经费等。

在进行水电站的财务评价时，年运行费除了计算上述各项外，还应按政策规定和实际情况计入税金及附加和保险金。而国民经济评价中不计入税金及附加和保险金。

水电站应交纳的税金有产品税、增值税、地方税、企业所得税等。产品税包括发电环节和供电环节两部分，地方税包括城市维护建设税和教育费附加两部分，所得税是指项目按销售利润的某一固定比例征收的税金。

3. 电成本

售电成本（即总成本）包括发电成本和供电成本。

(1) 发电成本是指水电站达到设计规模后正常运行年份全部支出的费用，包括折旧费、年运行费、摊销费和利息支出。对只发不供的水电站只计算发电成本。

固定资产折旧费，是指水电站在生产运行过程中对固定资产磨损和损耗的补偿费，其计算公式为

$$固定资产折旧费 = (固定资产投资 \times 固定资产形成率 + 建设期借款利息) \times 综合折旧费 \tag{10-3}$$

式中建设期是指从工程开工到全部竣工的时间，其中包括发电站机组陆续投入运行的投产期。电站固定资产形成率一般在 0.95 左右。建设期借款利息是指水电建设项目在建设过程中所支付的固定资产投资的利息。综合折旧率是指水电建设项目各类固定资产折旧率的加权平均值，一般为 2.5%～3.0%。

(2) 供电成本是将水电站的供电量送到用户配电变压器之前所需要的输电、变电、配电等全部费用。单位供电成本可采用网局上一年度的实际统计数据分析计算。

$$供电成本 = 售电量 \times 单位供电成本 \tag{10-4}$$

$$售电量 = 供电量 \times (1 - 网损率) \tag{10-5}$$

三、水力发电工程效益

水力发电工程效益是指项目产生各种有利影响的总称，包括经济效益，社会效益，生态、环境效益等。一般建设项目的社会效益和环境效益应尽可能作定量计算，不能进行定量计算的必须作定性描述。而建设项目的经济效益包括发供电效益、综合利用效益和多种经营效益，是必须按货币量作定量计算的。

（一）水力发电工程的国民经济效益

水力发电工程的国民经济效益主要是向电网或与用户提供的电力和电量，可以用下列两种方法的其中之一计算。

1. 最优等效替代法

水电站一般负担电网的调峰、调频（维持电网规定的周波水平）和事故备用等，可提高电网生产运行的经济性、安全性和可靠性，取得电网安全与联网错峰等经济效益。由于兴建水电站后，可相应少建火电站，因而减少火力发电所需燃料用量和相应的开采与运输费用的替代效益。

最优等效替代法是按最优等效替代设施所需的年费用作为水电建设项目的年发电效益。在满足同等电力、电量条件下选择技术可行的若干替代方案，取年费用最小的方案为替代方案中的最优方案。实际工作中一般是依据拟建工程供电范围的能源条件选择其他水电站、火电站、核电站等电站，或上述几种不同形式电站的组合方案作为拟建水电站的替代方案，在保证替代方案和拟建水电站电力电量基本相同的前提下，计算出替代方案的费用，其值即为水利工程的发电效益。亦可通过电源优化，比较有无拟建水电站时整个电力系统的费用节省来计算发电效益。

2. 影子电价法

即按水电建设项目向电网或用户提供的有效电量乘以电价计算。

其计算表达式为

$$\text{水电站国民经济效益 } B = \text{水电站年供电量} \times \text{影子价格} \tag{10-6}$$

用上式计算比较容易理解，计算简单，但是困难在于如何确定影子价格。影子价格可根据电力系统增加单位负荷所增加的容量成本和电量成本之和确定；或参照《经济参数》中作为投入物的电力影子价格考虑输配电因素分析确定；或根据供电范围内用户愿意支付的电价分析确定。

（二）水力发电工程的财务效益

在水电建设项目的财务评价中，水电站工程效益通常用发电量销售收入所得的电费，作为水电站的财务效益，一般按下列两种情况进行核算。

1. 实行发、供电统一核算的水电建设项目

$$\begin{aligned}\text{销售收入所得电费} =& \text{有效电量} \times (1-\text{厂用电率}) \\ & \times (1-\text{网损率}) \times \text{售电单价}\end{aligned} \tag{10-7}$$

式中 有效电量——根据系统电力电量平衡得出的电网可以利用的水电站多年平均年发电量；

厂用电率——根据建设项目的具体情况计算或参照类似工程的统计资料分析确定；

网损率——根据当地电网当年实际综合网损率，适当考虑在建设期间改进管理工

作、减少网损等因素确定；

售电单价——应采用“新电新价”的售电价，或采用满足还贷条件反推的售电价；

反推电价——根据贷款本息偿还条件，测算为满足本建设项目还贷需要的电网销售电价。

$$水电站分摊效益=销售收入所得电费\times\frac{水电站发电成本}{售电成本} \tag{10-8}$$

2. 实行只发不供独立核算的水电建设项目

$$\begin{aligned}销售收入所得电费 &= 有效电量\times(1-厂用电率)\\ &\quad\times(1-配套输变电损失)\times上网电价\end{aligned} \tag{10-9}$$

$$\begin{aligned}其中上网电价 &= 发电单位成本(按上网电量计)+发电单位税金\\ &\quad+发电单位利润或采用满足还贷条件反推的售电价\end{aligned} \tag{10-10}$$

当采用多种电价制度时，销售收入为按不同电价出售电量所得的总收入。

水电建设项目的实际收入，主要是发电量销售收入所得的电费，有时还有综合利用效益中可以获得的其他实际收入。

（三）利润

$$售电利润=售电收入-售电成本-税金及附加 \tag{10-11}$$

$$税后利润=售电利润-所得税 \tag{10-12}$$

式（10-11）中，售电利润按发电和供电两个环节分配。

水力发电工程年供电收入、年运行费、成本、税金、利润的关系见图10-1。

四、水力发电工程经济评价的任务

（1）促进电源结构的合理化，对水电产业政策起导向作用。随着国民经济的快速发展，对电力的要求也越来越高。对开发电力能源之一的水电工程进行经济评价，便于国民经济各部门，特别是水电与其他电力能源之间，按比例协调发展，使电源结构合理化，从而达到维护国家和人民利益、促进水电事业不断发展的目的。

（2）促进水电建设项目决策的民主化、科学化。水电工程的经济评价，为一个流域或一个地区的水力资源的开发规模、河流梯级开发方案、开发形式，提供科学决策的依据。

（3）评价和选择水电站正常蓄水位、死水位及其装机容量等主要参数。水电站的效益与水电站的正常蓄水位、死水位及其装机容量等有关。随着正常蓄水位的增高，水电站的调节库容、保证出力、装机容量及平均年发电量等动能指标将增加，但当正常蓄水位增高到一定高程后，由于弃水量递减，因而上述指标的增长率均呈递减趋势；另一方

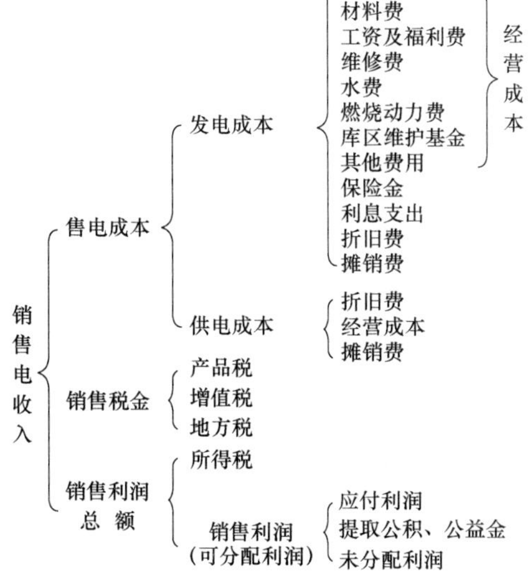

图10-1　水力发电工程年供电收入、年运行费、成本、税金、利润的关系图

面，随着正常蓄水位的增高，水电站工程量、水库淹没损失与移民安置数量以及工程造价等均呈递增趋势，因此在效益与费用之间必能找到一个最佳的方案。如在正常蓄水位方案比较时，首先根据河流梯级开发布置确定其上、下限值，并在此范围内拟定若干个比较方案，然后对各方案计算水电站及系统中火电站补充动能经济指标，最后按系统年费用 $NF_{系}$ 最小准则进行经济比较，在结合政治、社会、技术、环境等因素综合选择最佳方案。

(4) 评价工程方案的经济效果。在同等程度地满足国民经济发展需求的各预选方案中，不同的方案有不同的结构形式、尺寸和技术要求，采用适当的经济指标，对各方案进行经济效果评价，以确定出技术上可行、经济上合理的水电工程建筑方案。

(5) 评价已建水电站的经济效果。对已建水电站进行全面的重新评价，找出经济上存在的问题，以便挖潜改造，加强和改善经营管理，提高水电站的经济效益。

五、水力发电工程国民经济评价

水力发电工程国民经济评价是水电建设项目经济评价的核心部分，它是从综合平衡角度，从电力系统或从国家整体出发，分析评价建设项目对国民经济发展的贡献，以判别建设项目的经济合理性。计算项目的效益与费用时，采用影子价格和社会折现率。

国民经济评价可以用：①经济内部收益率 EIRR；②经济净现值（ENPV）；③经济净现值率（ENPVR）；④电力系统年费用 $NF_{系}$；⑤效益费用比 B/C 等作为评价指标，一般以前者作为主要评价指标，以后者为辅助指标。现主要介绍经济内部收益率（EIRR）和电力系统年费用 $NF_{系}$，其他计算方法同前。

1. 经济内部收益率（EIRR）

经济内部收益率是反映项目对国民经济贡献的相对指标，它是使项目在计算期内的经济净现值累计等于零的折现率。其表达式为

$$\sum_{t=1}^{n}(B-C)_t(1+\mathrm{EIRR})^{-t}=0 \tag{10-13}$$

式中 B——经济效益流入量，可用影子电费等年收入表示；

C——经济费用流出量，包括净投资（造价）、设备更新费、年运行费等；

$(B-C)_t$——第 t 年的（经济）净效益流量；

n——计算期。

根据上式求出的经济内部收益率大于或等于社会折现率时，即认为经济评价可行。社会折现率按国家计委同期颁布的《建设项目经济评价方法与参数》有关规定选取，现行的社会折现率为 12%。

2. 电力系统年费用 $NF_{系}$

如果有效益相同的若干个比较方案，则其中年费用最小的即为经济上最有力的方案。例如水电站正常蓄水位的选择，其经济比较准则，可采用在同等程度满足系统对电力、电量和其他综合利用要求的条件下，选择电力系统总费用或其年费用 $NF_{系}$ 最小的方案。其计算公式如下：

$$NF_{系}(S)=\sum_{j}^{M}NF_j=\text{最小} \tag{10-14}$$

式中 $NF_{系}(S)$——电力系统方案 S 的年费用；

M——方案 S 包括有 M 个工程项目（电力系统一般包括水电站和火电站两个项目，即 $M=2$）；

NF_j——方案 S 第 j 工程项目的年费用，$j=1$，2。

$$NF_j=\sum_{k=1}^{2}K_{jk}[A/P, r_0, n_k]+u_j \quad (10-15)$$

式中 k——项目 j 中按经济寿命 n_k 的不同而分为 k 个子项，例如，水电工程项目分为土建工程（$n_1=50$ 年）和机电设备（$n_2=25$ 年）两个子项，即 $k=2$；

K_{jk}——项目 j 子项 k 各年 t 净投资折算至基准年 T 的总投资，即

$$K_{jk}=\sum_{t=1}^{T}K_{jkt}(1+r_0)^{T-t} \quad (10-16)$$

$$u_j=r_0\sum_{t=1}^{T}u_{jt}(1+r_0)^{T-t}+u_0 \quad (10-17)$$

式中 r_0——社会折现率 i_s，$[A/P, r_0, n_k]$ 为子项 k 的本利摊还因子；

u_j——项目 j 的年运行费，其中包括投产期年运行费的折算值与生产期正常年运行费两部分，即

六、水力发电工程财务评价

水电建设项目财务评价的目的是在国家现行财税制度和现行价格的条件下，分别测算项目的实际收入和支出，全面考察建设项目获利能力和清偿贷款能力等财务状况，以判别建设项目财务上的可行性。

水电建设项目财务评价主要内容有资金筹措、实际收入和实际支出、贷款偿还能力、财务评价指标计算等。

水电建设项目财务评价指标以财务内部收益率及固定资产投资贷款偿还期为主要指标，以财务净现值、财务净现值率、投资利润率、投资利税率及静态投资回收期为辅助指标，并计算单位千瓦投资，单位电能投资，单位电能成本等技术经济指标。现主要介绍财务内部收益率（FIRR）和贷款偿还年限，其他计算方法同前。

1. 财务内部收益率（FIRR）

财务内部收益率指计算期内各年净现金流量累计现值等于零的折现率，其表达式为

$$\sum_{t=1}^{n}(CI-CO)_t(1+\mathrm{FIRR})^{-t}=0 \quad (10-18)$$

式中 CI——现金流入量；

CO——现金流出量；

$(CI-CO)_t$——第 t 年的净现金流量；

n——计算期。

在财务评价中，求出的财务内部收益率（FIRR）大于或等于水力发电工程财务基准收益率（I_c）时，即认为建设项目财务评价可行。

2. 贷款偿还年限

贷款偿还年限指在国家有关财务制度的规定和项目具体条件下，项目投产后可以用作偿还贷款的利润、折旧费、减免的税金以及其他收益额，用来偿还固定资产投资借款本金

和利息所需的时间，一般从借款开始年算起。

还贷资金是用于偿还贷款的资金，包括下列三部分。

（1）还贷利润。销售利润扣除企业留利后即为还贷利润。

（2）还贷折旧。从电站基本折旧费中扣除15%的能源交通基金及10%的国家预算调节基金后，再提取还贷折旧，按规定在电站建成后3年内提取80%，第四年起提取50%。投产期内的还贷折旧费，按投产容量与总装机容量的比例确定。

（3）还贷税金。还贷税金包括产品税金及其附加的城市维护建设税和教育费的减免部分，一般为应交纳税金的67%，贷款偿清后不再减免税金。

贷款利息自贷款支用之日起计算，按复利年息计算。在设计阶段，当年贷款均假定在年中支用，按半年计算，以后年份按全年计息。

施工期每年应计利息＝(年初贷款累计＋本年贷款支用／2)×年利率 (10－19)

还清年份应计利息＝(年初贷款累计／2)×年利率 (10－20)

生产期每年应计利息＝(年初贷款累计－本年还本付息／2)×年利率 (10－21)

不论贷款按月、按季计息一律折算为年息，并以复利计算。当年未还利息应计入次年本金。

第二节 小水电工程经济评价

一、我国的小水电资源及特点

在我国小水电定义为电力装机25000kW及以下的水电站。我国小水电资源丰富，理论蕴藏量为1.5亿kW，年发电量为13000亿kW·h，其可能开发资源为7500万kW，年发电量为2500亿～3000亿kW。

目前我国已建成小水电站4万多座，装机达23000多万kW，年发电量近720亿kW·h，全国1/3的县和1/4的人口要靠小水电供电，全国的小水电资产已近3000亿元。但是到目前为止，中国的小水电装机规模只占可开发资源的29%。根据《中共中央、国务院关于做好农业和农村工作的意见》(中发[2003]3号)文件，2003年将启动的小水电代燃料生态保护工程，涉及近3亿人口，350万km^2的范围，要通过18年的建设，总投资1270亿，完成水电装机2404万kW。根据小水电代燃料生态保护工程的规模、国家投入强度和地方配套能力，从2003年开始到2020年，用18年时间，基本完成小水电代燃料生态保护工程，长期稳定地解决2830万户、1.04亿农村居民的生活燃料和农村能源，需新建代燃料装机2404万kW，新增年发电量781亿kW·h，规划总投资1273亿元。在今后近20年内，小水电将会有更大的发展。

我国小水电的特点，概括而言有以下几个方面。

(1) 资源丰富，分布广泛。我国小水电可开发量为8700万kW (20世纪80年代水能资源普查结果)，占全国水电资源可开发总量的23%，位居世界首位。可开发的小水电资源广泛分布在全国1573个县。西部地区为5828万kW，占全国可开发量的67%；中东部地区为2872万kW，占全国可开发量的33%。小水电资源分布较煤炭、油气等其他能源资源分布更具普遍性。

（2）开发灵活。小水电可以分散开发、就地成网、分布供电。开发容量根据需要，从几个、几十个、几百个千瓦到上万个千瓦。能为户、村、乡（镇）及县（市）提供所需电力，具有极强的适用性和辐射性。此外，小水电规模小，资金量也相对少，开发技术成熟，工期短，见效快，维护方便，运行费用低。

（3）我国的小水电发展已具有较好的基础。

（4）国内有较丰富的建设实践与管理经验。

（5）小水电经济可靠，效益显著。在小水电资源丰富的县，选用小水电为主要电源是经济的。小水电可以就地开发，就地供电，适用于农村分散用电的需要，其单位千瓦造价虽然比大电站高 20%～30%，但如果考虑加进所节省的输变电投资，其造价反而低。

（6）发展小水电符合我国国情。开发利用小水电资源产生了巨大的经济效益和社会效益。目前小水电已成为中西部山区社会经济发展的重要支柱，它以电气化带动城镇化和工业化，促进经济结构调整。随着当地经济的繁荣和不断发展，加快了脱贫步伐，解决了农村用电、增强了民族团结，促进了边疆地区的稳定。当然我国小水电存在着生产规模小、工程造价持续增加、丰枯矛盾、技术装备和运营管理水平不高、电力输出困难、电价机制不顺、市场发展缓慢、公益性制约等问题。

二、小水电经济评价的特点

小水电经济评价的基本原则与前面介绍的大水电是相同的，小水电突出的特点有以下几个方面。

（1）财务评价和国民经济评价并重。小水电大部分建在经济落后的偏远山区，小水电通常由地方主办，其资金来源有相当部分是贷款。当地财力十分有限，小水电的负债率一般较高，因此对举办者来说，为弄清财务效果如何，何时能还清贷款，做好小水电的财务评价就显得特别重要。

小水电对农业生产、山区和西部地区的经济发展具有重要意义。国家在补助、贷款和物资安排上，不能单纯考虑小水电本身的经济性，应考虑其具有很强的公益性质，因此，需要政府在财政预算、投融资渠道及信贷市场方面给予扶持。

（2）资金来源不同，利率不同。小水电工程的资金一般有自筹、国家或地方财政补贴、银行贷款、民营企业投资、外资等多元化、多渠道、多方位筹措方式。

（3）经济评价时要考虑国家制定的经济激励型的政策。为了促进小水电事业的发展，在小水电发展的不同时期，国家和地方政府制定了一系列扶持政策，如“以电养电”政策，国家扶贫资金可用于农村小水电建设的政策，小水电交纳 6%增值税政策等。

（4）小水电年发电利用小时数不易确定。资料表明小水电发供电收益普遍达不到对项目设计进行财务评价时的预期值。小水电实际发电量是决定小水电单位电能造价及生产成本高低的主要因素。我国小水电年发电利用小时数明显偏低，实际发电量大大低于设计电量，也明显低于折减后的有效电量。影响发电利用小时数的原因与电力输出困难、丰枯矛盾和公益性制约、气候变化导致的径流年际与年内变化、峰谷矛盾、负荷特性限制及机组检修事故停机等因素有关。因此，经济评价时要考虑这些因素。

（5）小水电工期短，收支流程可以简化。对于装机容量较小的水电站和规划（达标）期较短的农村电气化规划项目，允许采用适当的简化方法进行经济评价。

三、小水电工程经济评价的方法和内容

小水电建设项目经济评价与水力发电工程经济评价基本相同，以动态分析为主，辅以某些静态指标。小水电建设项目经济评价的计算期包括建设期、投产期和生产期。建设期指自建设项目动工兴建到开始生产前为止；投产期指自建设项目开始生产到形成全部生产能力前为止；生产期指自建设项目形成全部生产能力开始算起，一般采用20年计算。计算期的时间基准点定在建设期的第一年初。为便于折旧计算，假定投入与产出都在全年末发生。

SL16—95《小水电建设项目经济评价规程》规定小水电财务基准收益率（I_c）定为10%，小水电建设项目的社会折现率（I_s）定为12%。但现在银行5年期以上贷款年利率为5.76%，较制定该规程时的电力行业贷款利率11.6%，已下降了5.84%，显然财务基准收益率10%已不合理。从目前来看，财务基准收益率约为7%～8%，小水电建设项目就会有利可图。因此，在进行小水电建设项目经济评价时，要考虑银行贷款利率和经济政策调整的因素。如现在广东省小水电建设项目经济评价时，有的小水电项目财务基准收益率取为7%～8%。

小水电建设项目经济评价的判别条件如下：①财务评价和国民经济评价的成果均可行，则建设项目经济评价可行；②财务评价和国民经济评价均不可行或财务评价可行而国民经济评价不合理时，则建设项目经济评价不可行；③ 国民经济评价合理而财务评价不可行时，可向国家和主管部门提出采取优惠政策的建议，如通过反推可行的电价，提出调整电价的方案或给以低息贷款的建议等，使建设项目符合财务可行性条件。

1. 投资

建设项目的投资是指达到设计效益时国家、集体、企业、个体以各种方式投入的全部费用。

财务评价的工程投资如前所述，包括固定资产投资（规划设计文件提供的概（估）算中的静态投资和价差预备费之和）、固定资产投资方向调节税、建设期贷款利息及流动资金。其所形成的资产分为固定资产、无形资产、递延资产及流动资产，对小水电建设项目，后三项数值不大且在总投资中所占比重较小，一般可不予考虑，计算固定资产时采用的固定资产形成率，在规划及可行性研究阶段其取值为1.0。

小水电的年折旧费为固定资产值乘年折旧率。年折旧率=（1－预计净残值率）/折旧年限，其中，预计净残值率按3%～5%确定。固定资产折旧年限可参照SL72—94《水利建设项目经济评价规范》附录A“水利工程固定资产分类折旧年限的规定”之表选用。

国民经济评价的投资应将建设项目的财务投资按其材料、设备、工资等项目所占投资比例及其各自的影子价格进行调整计算。资料不足或确定影子价格有困难时，也可按当地设备和材料的市场价计算。

多目标综合开发建设项目的投资分摊如前所述。

2. 运行费

财务评价的年运行费包括工资、福利费、水费、修理费及其他费用等。其中工资包括基本工资、附加工资、工资性津贴等，按定员人数乘以年平均工资计算。定员人数可暂按表10-1选取。年平均工资按当地电网或电站上年度统计的平均值计算；修理费是指项目

运行、维修、事故处理等耗用的材料、备品、低值易耗品等费用，还包括原规程中大修理费在各年的分摊值，一般可按固定资产原值的1%取值。其他费用是指不属于以上各项的费用，一般包括办公费、差旅费、科研教育费等，一般按装机容量（kW）乘以其他费用定额（元/kW）计算。其他费用定额见表10－1，偏僻地区可按表10－2再加10%～25%。

国民经济评价中的年运行费，以财务评价的年运行费为基础，用国民经济评价投资与财务评价投资的比率调整。

表10－1　　小水电站定员编制参考表

单机容量（kW）		$N<500$	$500\leqslant N<3000$	$3000\leqslant N<6000$	$N\geqslant 6000$
类别	台数	人　数			
运行人员	1	4～8	8～12	12～16	20～24
	2	8～12	16	16～20	20～24
	3	12～20	24	24～28	28～32
	4	16～24	28～32	28～32	32～36
检修调试人员	1	1～4	5～7	7～9	10～14
	2	2～5	6～9	9～12	12～16
	3	3～6	8～11	11～14	14～18
	4	4～7	9～12	12～25	18～20
管理服务人员	1 2 3 4	≤16	≤16	16～39	16～39

表10－2　　其他费用定额

装机容量（kW）	<500	500～6000	6000～12000	>12000
其他费用定额（元/kW）	21.6	21.6～18	18～12	12

3. 效益

小水电工程财务效益和水力发电工程的财务效益基本相同。而国民经济效益的计算，计算电价采用当地电网的影子价格。由于小水电供电负荷不像大电网集中，建设地点多在边远山区，交通运输条件不便，经济发展水平较低且很不平衡，其影子电价应作相应的调整。根据对国内小水电用电情况的调整分析，并参照国家计委的规定，调整方法可以按国家计委颁布的各大电网影子电价为基础，结合小水电的特点，采用相应的调整系数进行调整。

小水电影子电价S计算式为

$$S=(K_1K_2K_3)\times(\text{国家计委规定所属地区平均影子电价}) \tag{10-22}$$

式中　K_1——与大电网关系的调整系数，见表10－3；

K_2——缺电情况调整系数，见表10－4；

K_3——交通运输条件的调整系数，见表10－5。

表 10－3　　与大电网关系的调整系数表

与大电网关系（距离，km）	在网内 ＜10	有一定距离 10～50	距离较远 ＞50

表 10－4　　缺电情况调整系数表

缺电情况	枯水期缺电	平枯水期缺电	全年缺电
调整系数 K_2	1.00	1.10	1.15

4．小水电工程经济评价方法

（1）国民经济评价方法。小水电的国民经济评价方法，常用的如前所述以经济内部收益率法为主要计算方法，以经济净现值及经济净现值率为辅助计算方法。

表 10－5　　交通运输条件的调整系数表

交通运输条件（与火车站、码头的距离，km）	好（方便） ＜50	一般 50～150	较差（不便） ＞150
K_3	1.00	1.10	1.15

（2）财务评价方法。小水电的财务评价方法，常用的如前所述以财务内部收益率法及贷款偿还年限法为主要计算方法，以财务净现值法、财务净现值率法、投资利润率法、投资利税率法及静态投资回收期法为辅助计算方法。

5．小水电工程经济评价的简化方法

由于小水电站数量多，规模小，施工年限短，投入运行快，并且小水电站的规划、设计等工作通常是由地、县及以下水电部门的基层技术人员承担，为了简化评价计算工作量并便于基层掌握应用，对容量较小的小水电建设项目和规划期较短的农村电气化规划项目允许用简化方法进行评价。应用简化方法进行经济评价的小水电建设项目应具备下列条件：①总装机容量在 6000kW 以下；②施工期不长于 3 年；③全部机组投产期在 1 年以内。简化评价方法的主要简化内容为：①假定投资在施工期内各年末均匀投入；②施工期末即可达到设计生产能力，投产后年运行费及年效益均视为常数；③还贷资金可按未分配利润额和折旧费的某一比率计算。简化后的资金流程图如图 10－2 所示。

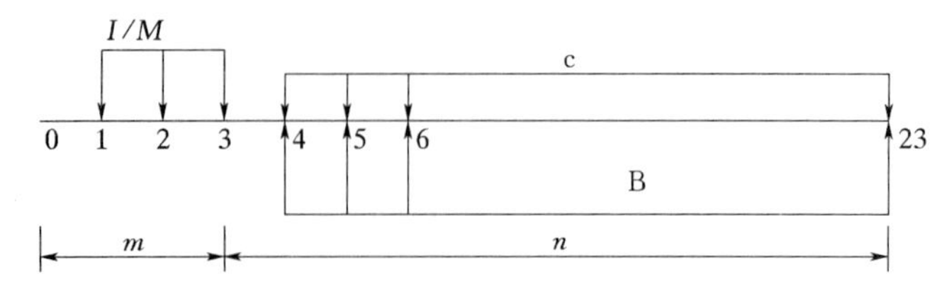

图 10－2　小水电工程简化方法资金流程图

（1）财务评价简化方法。财务评价简化计算是根据规划、设计资料，首先计算出主要参数投资、年运行费、税金及附加等，然后计算财务评价的单位电能投资 k_E 和计算电价 S。最后计算财务内部收益率、财务净现值、财务净现值率及贷款偿还期，将其与基准收益率（I_c）及规定贷款偿还期（P_d）进行比较，以评价其财务可行性。若财务评价不可行，则反推使财务评价可行的电价，并据此提出调整电价的具体建议。简化评价方法中财务评价的主要参数投资、年运行费、税金及附加等的计算方法同前，只是效益计算中有效电量为设计发电量乘以有效电量系数。有效电量系数与电站的类别有关。

1）简化计算财务内部收益率（FIRR）为

$$\frac{[(1+\text{FIRR})^m-1](1+\text{FIRR})^{n-m}-\frac{m}{I}S_V(\text{FIRR})}{(1+\text{FIRR})^{n-m}-1}=\frac{m}{I}(B-C-T) \quad (10-23)$$

式中　m——施工期，年；

I——项目投资；

B——项目年收益；

C——年运行费；

T——应交纳的税金及附加；

n——计算期，年。

2）简化计算固定资产投资贷款偿还期（P_d）为

$$P_d=\frac{1}{\ln(1+i)}\ln\frac{mA(1+i)^m}{mA-I_d[(1+i)^m-1]} \quad (10-24)$$

式中　P_d——开工起算的贷款偿还期；

i——贷款综合利率；

I_d——总贷款额；

A——年还贷资金。

3）简化计算财务净现值（FNPV）及财务净现值率（FNPVR）为

$$\text{FNPV}=(B-C-T)\frac{(1+I_c)^{n-m}-1}{I_c(1+I_c)^n}-\frac{I}{m}\frac{(1+I_c)^m-1}{I_c(1+I_c)^m}+S_V\frac{1}{(1+I_c)^n} \quad (10-25)$$

$$\text{FNPVR}=\text{FNPV}\Big/\frac{I}{m}\frac{(1+I_c)^m-1}{I_c(1+I_c)^m} \quad (10-26)$$

4）财务评价中，若固定资产投资贷款偿还期不满足银行规定要求时，则应计算其“反推电价”，反推电价的简化计算式为

$$S=\frac{\frac{I_d}{m}\frac{[(1+i)^m-1](1+i)^{P_d-m}}{(1+i)^{P_d-m}-1}+0.67a_p(C+D)-a_dD}{0.67a_dE_q(1-\zeta)(1-\eta)} \quad (10-27)$$

式中　S——反推电价；

a_p——利润还贷因子，指还贷利润与67%利润总额的比值；

E_q——有效电量；

a_d——可用于还贷折旧费与折旧费总额的比值，称为折旧还贷因子；

ζ——税率，指不包括所得税的其他税金及附加占售电收益的比率；

η——厂用电与网损率。

（2）国民经济评价简化方法。国民经济评价简化计算时，在财务评价基础上，以影子价格进行国民经济投资、年运行费和收益的调整，计算的主要评价指标是经济内部收益率，辅助评价指标是经济净现值和经济净现值率，将其与社会折现率（I_s）进行比较，$EIRR \geqslant I_s$，则经济评价可行。

1）简化计算经济内部收益率（EIRR）为

$$\frac{[(1+EIRR)^m-1](1+EIRR)^{n-m}-\frac{m}{I}S_V(EIRR)}{(1+EIRR)^{n-m}-1}=\frac{m}{I}(B-C) \qquad (10-28)$$

2）简化计算经济净现值（ENPV）及经济净现值率（ENPVR）为

$$ENPV=(B-C)\frac{(1+I_s)^{n-m}-1}{I_s(1+I_s)^n}-\frac{I}{m}\frac{(1+I_s)^m-1}{I_s(1+I_s)^m}+S_V\frac{1}{(1+I_s)^m} \qquad (10-29)$$

$$ENPVR=FNPV\Big/\frac{I}{m}\frac{(1+I_c)^m-1}{I_c(1+I_c)^m} \qquad (10-30)$$

当电站容量小于1000kW，且在一年内投产，免征所得税时，经济评价方法还可作进一步简化，相关计算方法参见有关规程。

四、小水电工程经济评价案例

（一）概述

某县拟建某水电站工程位于某镇某河干流上，该电站为径流式电站，工程的主要任务是引水发电，主要建筑物包括拦河闸坝、引水渠道和发电厂房。拦河闸坝全长96.6m，为水力自控翻板闸，正常蓄水位为65m，水库为河谷型，正常蓄水位以下库容为443万m^3，校核洪水位为68.03m，总库容为624万m^3，引水明渠全长589m，设计引水流量6072m^3/s，电机装机3750kW。该水电站是某干流最末一级电站，该站的建设可以充分利用水力资源，缓解周边地区用电紧张状况，改善当地的投资环境，促进山区经济发展。电站多年平均发电量为1500万kW·h,年利用小时数为4000h。

该水电站工程概算总投资为2927.22万元。

经济评价的编制依据为水利部1995年6月颁布的SL16—95《小水电建设项目经济评价规程》。依据SL16—95该项目可采用经济评价的简化方法。

（二）财务评价

1. 财务投资和费用计算

（1）固定资产。根据工程设计概算，本工程项目总投资为2927.22万元，施工期$m=$1年，计算期$n=21$年；资金来源有，银行贷款1800万元，年利率为5.94%，施工期不计息，镇政府投资468.89万元，称架一级电站投资703.33万元。固定资产形成率取1.0，则工程项目固定资产为$I=2972.22$万元。

（2）项目年收益B。电量计算：电站年均发电量为1500万kW·h，有效电量系数取0.9，故本工程的有效电量为1500×0.9=1350万kW·h。

厂用电及网损率取10%，则年售电量为1350×（1−10%）=1215万kW·h。

上网电价为0.4元/kW·h，则电站年效益为

$$B=1500\times 0.9\times(1-10\%)\times 0.4=486(万元)$$

即工程项目的财务年收益为 B=486（万元）。

（3）售电成本。

1）年运行费。

职工工资 28×0.6=16.8（万元）；

职工福利费，按工资总额的 14%计，16.8×14%=2.35（万元）；

修理费，取固定资产原值的 1%，2972.22×1%=29.72（万元）；

其他费用按 18 元/kW·h 计，1350×0.0018=2.43（万元）；

水资源费，按《某市取水许可制度与水资源费征收管理办法》，取 0.002 元/kW·h，1350×0.002=2.70（万元）。

故年运行费=$C+D$=54.0+117.09=171.09（万元）

2）年折旧费。取综合折旧费为 4%，则年折旧费为 D=2927.22×4%=117.09（万元）。

3）售电成本。

$$售电成本=C+D=54.0+117.09=171.09(万元)$$

$$售电单位电度成本=171.09/1215=0.141(元/kW\cdot h)$$

（4）税金及销售利润。

$$年售电收入\ B=486.0(万元)$$

$$税金\ T=486.0\times 6.12\%=29.74(万元)$$

$$年售电利润=486.0-171.09-29.74=285.17(万元)$$

（5）计算期末余值 S_V。

$$S_V=2972.22-117.09\times 20=630.42(万元)$$

（6）还贷资金 A。

企业年利润：286.0 万元

可用于还贷利润占年利润的 80%，则 286.0×80%=228.8（万元）

可用于还贷的折旧费，按折旧费的 90%计，则 117.09×90%=105.38（万元）

因此，年还贷资金为 A=228.8+105.38=334.18（万元）

2. 财务评价指标计算

（1）财务净现值 FNPV。

$$\text{FNPV}=(B-C-T)\frac{(1+I_c)^{n-m}-1}{I_c(1+I_c)^n}-\frac{I}{m}\frac{(1+I_c)^{n-m}-1}{I_c(1+I_c)^n}+S_V\frac{1}{(1+I_c)^n}$$

计算结果：FNPV=491.58 万元

（2）财务内部收益率 FIRR。

$$\frac{[(1+\text{FIRR})^m-1](1+\text{FIRR})^{n-m}-\frac{m}{I}S_V(\text{FIRR})}{(1+\text{FIRR})^{n-m}-1}=\frac{m}{I}(B-C-T)$$

经试算：FIRR＝12.48％。

（3）贷款偿还期（P_d）。

$$P_d=\frac{1}{\ln(1+i)}\ln\frac{mA(1+i)^m}{mA-I_d[(1+i)^m-1]}$$

经计算，P_d＝7.69年。

3. 财务敏感性分析

选择主要敏感性因素为投资和收益。

（1）投资增加10％。

投资：　$I=2972.22\times1.1=3269.44$(万元)

年运行费：　$C=16.8+2.35+3269.44\times1\%+2.43+2.70=56.98$(万元)

年收益：　$B=486.0$(万元)

税金：　$T=29.74$(万元)

计算期末余值：$S_V=3269.44-3269.44\times4\%\times20=653.89$（万元）

将上述参数代入财务内部收益率公式，试算得：FIRR＝10.96％＞10％。

（2）收益减少10％。

投资：　$I=2972.22$ 万元

年运行费：　$C=54.0$ 万元

年收益：　$B=486.0\times(1-10\%)=437.4$(万元)

税金：　$T=437.4\times6.12\%=26.77$(万元)

计算期末余值：　$S_V=594.44$ 万元

将上述参数代入财务内部收益率公式，试算得FIRR＝10.71％＞10％。上述财务评价指标和敏感性分析指标均满足规范要求，财务评价可行。

（三）国民经济评价

1. 各类费用调整

参照同类电站资料，取综合调整系数为1.15。

项目总投资：　$I=2972.22\times1.15=3418.05$(万元)

年运行费：　$C=54.0\times1.15=62.10$(万元)

余值：　$S_V=594.44\times1.15=683.61$(万元)

2. 项目效益

国民经济评价的电价采用火电电价作为影子电价，为0.62元/kW·h。

项目效益：　$B=1215\times0.62=753.3$(万元)

3. 国民经济评价指标计算

（1）经济净现值ENPV。

$$\mathrm{ENPV}=(B-C)\frac{(1+I_s)^{n-m}-1}{I_s(1+I_s)^n}-\frac{I}{m}\frac{(1+I_s)^m-1}{I_s(1+I_s)^m}+S_V\frac{1}{(1+I_s)^n}=1621.12(\text{万元})$$

(2) 经济内部收益率 (EIRR)。

$$\frac{[(1+\mathrm{FIRR})^m-1](1+\mathrm{FIRR})^{n-m}-\frac{m}{I}S_V(\mathrm{FIRR})}{(1+\mathrm{FIRR})^{n-m}-1}=\frac{m}{I}(B-C)$$

经试算，EIRR＝18.93%。

4. 国民经济敏感性分析

选择主要敏感性因素为投资和收益。

(1) 投资增加10%。

投资：　$I=3418.05\times1.1=3759.86$(万元)

年运行费：

$C=(16.8+2.35+2.43+2.70)\times1.15+3759.86\times1\%=65.52$(万元)

年收益：　$B=753.3$ 万元

计算期末余值：

$S_V=3759.86-3759.86\times4\%\times20=751.14$(万元)

将上述参数代入国民经济评价经济内部收益率公式，试算得EIRR＝17.73>12%。

(2) 收益减少10%。

投资：　$I=3418.05$ 万元

年运行费：　$C=62.10$ 万元

年收益：　$B=753.3\times(1-10\%)$

$=677.97$(万元)

计算期末余值：　$S_V=683.61$ 万元

将上述参数代入经济内部收益率公式，试算得EIRR＝17.43%>12%。

上述国民经济评价指标和敏感性分析指标均满足规范要求，国民经济评价可行。

(四) 经济评价结论

本项目经济指标归纳如下：

财务净现值：FNPV＝491.58万元；

财务内部收益率：FIRR＝12.48%>10%；

贷款偿还期：$P_d=7.69$ 年；

投资增加10%时，财务内部收益率：FIRR＝10.96%>10%；

效益减少10%时，财务内部收益率：FIRR＝10.71%>10%；

经济净现值：ENPV＝1621.12万元>0；

经济内部收益率：EIRR＝18.93%>12%；

投资增加10%时，经济内部收益率：EIRR＝17.73%>12%；

效益减少10%时，经济内部收益率：EIRR＝17.43%>12%；

上述各项经济指标均在合理范围内，本项目在经济上可行。

第十一章　水土保持工程评价

第一节　水土保持工程效益

水土保持是防治水土流失，保护、改良和合理利用水土资源，维护和提高土地生产力，改变山区、丘陵区、风沙面貌，治理江河、减少水旱、风沙灾害，发展农林牧业生产的一项根本措施，是国土整治的一项重要内容。

水土保持要在全面规划的基础上，合理确定农、林、牧、副、渔各业用地比例，正确设计各项水土保持措施和实施顺序，使植物措施、工程措施和保土耕作措施有机地结合起来，达到科学地利用水土资源，最大限度地发挥经济效益、蓄水保土效益，起到控制水土流失、发展农业生产的作用。

水土保持效益是指一个地区或流域，实施水土保持措施后所得的综合效益，主要包括蓄水保土效益、经济效益、生态效益和社会效益。蓄水保土效益是以治理前后实测侵蚀量、径流量、输沙量的吨值表示；经济效益是指由于水土保持措施和其他农业技术措施相配合而增加的农林牧副各业产量和经济收入；生态效益是指进行水土保持治理后生态环境的改善状况。如防风治沙、地表植被度增加、增加降雨量、净化空气、美化环境等；社会效益是指进行水土保持治理后，对社会带来的物质利益，如保护公路、铁路的交通安全，延长水库寿命和养活渠系维修，有利于灌溉，减少下游河道淤积，减轻洪灾威胁和危害，保障下游工农业生产和人民生命财产的安全等。由于水土保持工程的社会公益性，评价中只进行国民经济评价，不做财务评价。

目前，由于生态效益、社会效益难以定量，暂不计算，一般可着重计算其经济效益及蓄水保土效益。

水土保持经济效益常用如下公式计算

$$M = M_1 + M_2 + M_3$$

式中　M_1——耕作措施经济效益，万元；

M_2——植物措施经济效益，万元；

M_3——工程措施经济效益，万元，包括梯田、坝地、引洪淤灌地、蓄水灌溉、水生动物养殖，城镇工业用水等各项效益。

$$M = \sum_{j=1}^{n} A_i (d_j - d_{jo}) g_j$$

式中　A_i——j 类产品耕作措施面积，万亩；

d_{jo}——j 类产品未实行耕作措施单位面积产量，kg/亩；

d_j——j 类产品实行耕作措施单位面积产量，kg/亩；

g_j——j 类产品单价，元/kg。

$$M_2 = m_1 + m_2$$

式中　m_1——灌木效益，万元；

m_2——牧业效益，万元。

$$m_1 = a_1 d_1 g_1$$

式中　a_1——木或灌木面积，万亩；

d_1——木或灌木面积的单产，m^3/亩；

g_1——产品单价，元/m^3。

在 m_2 的计算中，可按有无植物水保措施的牧业增加值，采用水保工程应分摊的比例进行计算。

在工程措施效益 M_3 计算中，梯田、引洪淤灌地效益，可用坡地与梯田淤灌地与非淤灌地，在自然条件和农业技术措施基本相同的条件下，对此确定的增产量乘以产品单价即产值来计算，坝地种植效益可用总产值计；灌溉、城镇工业用水效益计算，可按用水总量乘以水费单价的总效益计算，或按灌溉效益及城镇工业用水效益计算方法进行，见《水利经济计算规范》；养殖效益可用水产品总量乘以单价的总效益计算。

水土保持效益一般应进行定量计算，不能直接计算时亦可用等效替代法计算，其值以货币指标表示。对于国家统购统销物质可按某年不变价格计算，非统购统销物品可按市场价格计算。

第二节　水土保持国民经济评价案例

长江中游水土流失加剧，为防止水土流失，合理利用水土资源，改善生态环境，决定在本流域进行水土保持综合治理试点，经 1982～1990 年的 8 年多治理，已经初见成效，通过验收达到治理标准。本实例对小流域水土保持综合治理工程进行经济评价。

一、概况

本流域地处长江中游鄂东边远山区，小流域面积 23.02km²，属风化花岗岩区，雨量充沛，年平均降水量 1381.7mm，平均气温 16.7℃，无霜期 262d，适宜水稻和林木生长，自然地理条件较好。但多年滥垦乱伐，破坏植被，加上暴雨集中，水土流失面积达 17.5km²，占总面积的 76%，年泥沙流失 5.2 万 t，一遇暴雨，农田就遭水冲沙压，水害灾害频繁，生态环境遭到破坏，治理前是贫困重点区域之一。

从 1982 年起，实施水土保持综合治理，经过植树造林，封山育林，退耕还林，农田改造，兴建小型水利工程和水土保持工程，治理面积 15.3km²，占应治理面积的 87%，年泥沙流失量 0.676 万 t，是治理前的 13%，生态环境得到改善，农、林、牧等都有发展，1990 年人均收入 346 元，是 1981 年的 1.92 倍，解决了温饱问题。

流域内 6 个村，治理前后经济对比见表 11-1。

表 11－1 治理流域经济对比

治理状况	人　口（人）	粮食总产（kg）	人均粮（kg/人）	总收入（元）	人均收入（元/人）
1981年（治理前）	4148	1154800	278.4	746600	180
1990年（治理后）	4585	1467200	320.0	1586400	346

二、基本资料

本流域系边远山区，1981年总人口4148人，劳动力1934个，地少劳多，远离城市，经济落后，剩余劳动力未能充分利用。

1. 土地利用与水土流失

治理前滥垦乱伐，经济日益衰落。经过农田改造，退耕还林，植树造林，修建小型水利工程和水土保持工程，保水、保肥、保土，提高抗旱能力，农业丰收，林、牧业发展，生态环境改善。从表11－2数据不难看出治理前后土地利用与水土流失的巨大变化。

表 11－2 治理前后土地利用状况 单位：亩

项　目	流失状况	治　理　前		治　理　后	
		面积	比例（%）	面积	比例（%）
流域面积		34530		34530	
一、农田		4194	12.15	3159	9.15
1. 水田		1377	3.99	1409	4.08
2. 梯田		918	2.66	1510	4.37
3. 坡地	严重	1899	5.50	240	0.70
二、林地		20724	60.02	29741	86.13
1. 用材林（密）		4045	11.74	24544	71.08
（稀）	严重	16021	46.40	3359	9.73
2. 经济林		649	1.88	1649	4.77
茶园		329	0.95	930	2.69
板栗		305	0.89	645	1.87
桐籽		15	0.04	15	0.04
柑橘				19	0.05
油茶籽				40	0.12
3. 苗圃				189	0.55
三、荒山	严重	8352	24.08	300	0.87
四、其他用地		1295	3.75	1330	3.85
五、年流失泥沙（t）		52000		6760	

2. 治理规则

本流域曾多次治理，未见成效，鉴于以往经验，必须从实际出发，统一规划，农、林、牧等合理配置，制订一个既能让群众得到眼前利益，又能见到长远利益的实施方案。

（1）农田改造。根据地形等条件，坡地改梯地646亩，旱改水42亩，改造沟冲冷浸田288亩，低产田270亩，这些都是收效快的项目，也是保水、保肥、保土作用比较明显的项目。根据水土保持实验站的资料，坡地改梯地，降雨在 50mm，减少泥土流失 33%，减少地表径流 31.4%，但必须保证田埂质量。改造冷浸田，消除串灌串排，减少水量流失 94%，减少泥沙流失 71%，减少氮素流失 31%，但要解决沟冲上游的水土流失。

（2）小型水利工程。新建小型水库一座，坝长 55m，高 12m，是流域骨干蓄水工程；对原有 4 座小型水库进行整险加固，提高防洪蓄水能力；扩修山塘 89 口，引水堰 22 口，修整和新建渠道 19.6km。这些项目可增加蓄水 44.3 万 m^3，根据试验资料，多蓄 $1m^3$，可以减少流失 1.5kg 泥沙。

（3）水土保持工程。根据地形和水土流失情况，修建谷坊 3 座，沙挡 18520 个，排洪沟 24 条，长 10.2km。鉴于过去这些措施收效甚微，实施时一定要注意其他措施的合理配置。

（4）造林工程。荒山造林 8017 亩，稀疏林补种 12662 亩，1000 亩坡地退耕营造经济林。根据试验资料，荒山造林 10 年，林冠截流降雨 23%，减少地面径流，径流过程延缓，削峰 60%；坡地停耕造林 3 年，径流减少 63.3%，减少泥沙流失 87.9%，造林是治理水土流失的根本措施。但是造林周期长，用材林一般需要 30 年，经济林也需要 5 年，偷伐难以制止，管理困难，曾有“造林不见林，荒山年年增”的流言。因此，借用农业经验，采取统一规划，先易后难，近山承包到户，谁种谁管，谁投资谁受益，签订合同长期不变，远山由各村统一管理，专人负责，投工投资合理负担，效益分成，结合畜牧放牧，轮流封山育林。

（5）其他工程。修建公路 5.2km，桥涵 13 座。

综合治理水土流失是一项系统工程，各项措施必须有机配合，相互制约的因素必须通盘考虑，遵循自然规律和经济规律，尊重科学，才能使规划变为现实。

3. 综合治理投资

总投资 144.54 万元，用于购买水泥、炸药、树种、化肥等物资，总投工 98.6 万个，按 1990 年当地用工工资标准 2.5 元/工日计算，折算为 246.5 万元，投工、投资合计 391.04 万元。治理区域经济落后，资金筹措和劳力安排都要从实际出发，注重效益，减少失误。

（1）综合治理投资投工明细表（表 11-3）

表 11-3　　综合治理投资投工明细表

项　目	治理数	投工（个）	投资（元）	投工折资（元）	合计（元）
一、农田改造（亩）	976	56190	96100	140475	236575
1. 坡地改梯地（亩）	646	29070			
2. 旱地改水田（亩）	42	8400			
3. 改造冷浸田（亩）	288	18720			
二、小型水利工程		568800	534710	1422000	1956710
1. 新建水库（座）	1	200000			
2. 整险加固水库（座）	4	47300			

续表

项　目	治理数	投工（个）	投资（元）	投工折资（元）	合计（元）
3. 修整山塘（个）	89	115200			
4. 引水堰（座）	22	64300			
5. 建修渠道（km）	19.6	142000			
三、水土保持工程		26550	186240	66375	252615
1. 谷坊（座）	23	1426			
2. 沙挡（个）	18520	3704			
3. 排洪沟（km）	10.2	21420			
四、造林（亩）	21868	252006	466290	630015	1096305
1. 荒山造林（亩）	8017	96204			
2. 稀疏林补种（亩）	12662	75972			
3. 经济林（亩）	1000	66000			
4. 育苗（亩）	189	13830			
五、其他工程		82200	162000	205500	367500
1. 公路（km）	5.2	69400			
2. 桥涵（座）	13	12800			
总　计		985746	1445340	2464365	3909705

（2）投资投工计划。资金由国家农、林、水等部门投入1/3，主要用于水土保持、小型水利和公路桥涵工程；乡、村集体筹集1/3，主要用于大面积造林、育苗和较大的农田改造工程；农民投入1/3，主要用于承包责任田的改造，营造承包的经济林和用材林。国家和集体的资金由村负责统一安排调剂。共用工程投资，按承包面积和劳动力分摊。投工按均匀投入安排，见表11-4。

4. 年运行管理费用

表11-4　投资用工计划

年　份	1982	1983	1984	1985	1986	1987	1988	1989	1990	合计
投工（万个）	6.16	12.33	12.33	12.33	12.33	12.33	12.33	12.33	6.16	98.63
投工折资（万元）	15.40	30.82	30.82	30.82	30.82	30.82	30.82	30.82	15.40	246.54
投资（万元）	9.03	18.07	18.07	18.07	18.07	18.07	18.07	18.07	9.03	144.55
合计（万元）	24.43	48.89	48.89	48.89	48.89	48.89	48.89	48.89	24.43	391.09

根据治理期管理经费和用工资料，比照类似工程统计结果，其年运行经费按投资2%计算，年管理用工按投工2%计算。由于本流域治理期长，需要管理，治理期也按此标准计算，见表11-5。

5. 综合治理效益

实施综合治理措施后，水、肥、土的流失较少，经济效益主要是增加农、林、牧等业的收益，减少对水利工程的危害，减轻水旱灾害，改善生态环境等。

表 11-5 年管理经费、用工计划

年份	1983	1984	1985	1986	1987	1988	1989	1990	1991 年以后
用工（个）	1232	3698	6164	8630	11096	13562	16028	18494	19726（每年）
用工折资（元）	3080	9245	15410	21575	27740	33905	40070	46235	49315（每年）
年用资（元）	1806	5420	9034	12648	16262	19876	23490	27104	28910（每年）
合计（元）	4886	14665	24444	34223	44002	53781	63560	73339	78225（每年）

（1）计算农、林、牧增产效益采用的价格。采用 1990 年价格，粮食均以水稻计算，采用收购部门的超购价，棉花按收购站价格，菜油、茶叶、水果、鱼、木材、家畜均按当地市场价（表 11-6）。

表 11-6 农、林、牧等产品价格

品名	单价	品名	单价	品名	单价
水稻	0.7 元/kg	柑橘	1.0 元/kg	牛	400 元/头
皮棉	7.0 元/kg	油菜籽	0.4 元/kg	羊	50 元/头
菜油	4.0 元/kg	鲜鱼	0.6 元/kg	猪	500 元/头
茶叶	5.0 元/kg	薪柴	3.0 元/100kg	库容	0.15 元/m^3
板栗	3.0 元/kg	木材	250 元/m^3		

（2）农、林、牧等业增产效益。治理措施实施的，效益表现在农、林、牧各业的增产，用治理前 1981 年各项产量与经过治理的 1990 年产量进行对比计算，增加值即治理效益。

1）农业效益（表 11-7）：综合治理措施配置恰当，农田改造成功，水土流失减少，复种指数由 1.32 提高到 1.63，单产提高，在耕地减少 1000 多亩的情况下，农业收益 1990 年比 1981 年增加 337799 元。治理初期效益较小，拟 1986 年按效益 20%计算，逐年增加 20%，1990 年为 337799 元，以后保持不变。

表 11-7 农业效益

品名	1981 年产量（kg）	1990 年产量（kg）	增产（kg）	成本（元/kg）	单价（元/kg）	效益（元）
水稻	1154800	1467200	312400	0.13	0.70	178068
皮棉	2074	13755	11681	0.30	7.00	78263
菜油	10370	32095	21725	0.25	4.00	81469

2）经济林效益（表 11-8）：经济林一般需 3～5 年才收益，新增经济林 1000 亩，效益显著，1990 年比 1981 年增加 170047 元，以后保持不变。

3）用材林效益（表 11-9）：治理期间逐年造林，面积为 20499 亩，其中荒山造林 8000 余亩，稀疏补种 12000 余亩。根据测算，造林 5 年后，每亩年收获枝条 100kg，木材蓄积量 0.2m^3/（亩年），年效益为 758463 元，1990 年达到年效益 20%，逐年增加 20%，1994 年达到 758463 元，以后保持不变。

表 11－8　　经济林效益

品　　名	1981 年产量（kg）	1990 年产量（kg）	增　　产（kg）	成　　本（元/kg）	单　　价（元/kg）	效　　益（元）
茶叶	8225	23250	15025	0.71	5.0	64457
板栗	30500	64500	34000	0.10	3.0	98600
柑橘		5700	5700	0.10	1.0	5130
茶油籽		6000	6000	0.09	0.4	1860

表 11－9　　用材林效益

品　　名	单　　位	年增产量	单位成本	单价（元）	效益（元）	合计
枝条	100kg	20499		3.0	61497	758463
木材	m^3	4099.8	80.0	250.0	696966	

4）畜牧效益（表 11－10）：治理期间，考虑家畜发展，实施有计划轮流封山育林，提高林草覆盖率，家畜发展很快，1986 年按效益 20%计算，逐年增加 20%，1990 年效益达 201620 元，以后保持不变。增加有机肥的效益，已计入农业效益不再计算。

表 11－10　　畜　牧　效　益

品　　名	1981 年存栏（头）	1990 年存栏（头）	增　　产（头）	成　　本（元/头）	单　　价（元/头）	效　　益（元）
牛	420	563	134	50.0	400.0	46900
羊	232	750	518	10.0	50.0	20720
猪	1910	2580	670	300.0	500.0	134000

5）水产效益：修建大型水利工程后，养殖水面 165 亩承包到户，亩产鲜鱼 25kg，成本 0.2 元/kg，单价 1.6 元/kg，年效益 5775 元，1990 年开始计算，以后保持不变。

（3）减轻泥沙对水库的危害。流域下游是一座大型水库，流失泥沙进入水库侵占有效库容，1990 年比 1981 年减少 4.524 万 t，按容重 1.3kg/m^3 换算为 34800m^3。根据资料计算，单位库容造价为 0.15 元/m^3，减少损失 5220 元。减少肥料流失的效益，已在农、林等效益中反映，不作重复计算。

（4）减轻水旱灾害。农田治理前 3 天无雨小旱，7 天无雨大旱，一遇暴风雨又遭水冲沙压。治理后，抗灾能力提高了，大旱能丰收，暴雨也无灾。1988 年 6 月 21 日，日降雨量 140.1mm，农田及水利工程设施均未受到损失，而仅一山之隔的相邻流域，降雨量基本相同，大小河堰被冲毁 69 处，农田毁坏严重。减灾效益已计入农业增产，此处只作说明。

（5）生态环境效益。综合治理前，经济落后，滥垦乱伐，水土流失与日俱增，水旱灾害频繁，生态环境遭到破坏，人民生活日趋贫困。通过 8 年多综合治理，林草覆盖率提高，水土流失减少，抗灾能力增强，农、林、牧得到发展，摆脱贫困，达到温饱，结束了生态恶性循环，生态效益逐渐明显，如能继续发展，必然造福后代。

三、国民经济评价

水土保持综合治理经济评价，一般只作国民经济评价，不作财务评价。

1. 国民经济评价有关数据

（1）社会折现率 $I_S=6\%$。

（2）基准年取1982年，基准点为1982年年初。

（3）综合治理期从1982～1990年共9年。

（4）运行期从1991年计算，运行30年。

（5）资金时点、治理投资、年运行管理费和效益均按年末惯例。

2. 编制国民经济现金流量表

计算经济内部收益率和经济净现值，见表11－11。

3. 敏感性分析

表11－11　　**国民经济现金流量**　　单位：元

年份		1982	1983	1984	1985	1986	1987	1988	1989
现金流入	综合效益					108928	217856	326783	435711
现金流出	综合治理投资	244300	488900	488900	488900	488900	488900	488900	488900
	年运行费		4886	14665	24444	34223	44002	53718	63560

年份		1990	1991	1992	1993	1994～2020	合计	现值 I	现值 金额
现金流入	综合效益	872154	1023846	1175539	1327231	1478924×27	45418996	6% 20% 18%	14192824 1774493 2225858
现金流出	综合治理投资	244300					3910900	6% 20% 18%	2949900 1719500 1841281
	年运行费	73339	78225	78225	78225	78225×27	2659587	6% 20% 18%	848973 171629 203925

$$\mathrm{EIRR}=18\%+\frac{|180625|}{|180625|-|-116636|}\times(20\%-18\%)=19.22\%$$

$$\mathrm{ENPV}=14192824-2949900-848973=10393951(\text{元})$$

假设投资增加20%，效益减少20%，投资增加20%同时效益减少20%，计算经济内部收益率，结果见表11－12。

四、结论与建议

经过复算，国民经济内部收益率19.22%，在投资增加20%、效益减少20%同时出现的情况下，经济内部收益率仍为14.36%，说明该流域水土流失综合治理工程经济效益良好，治理方案经济上是可行的。

表 11-12 敏感性分析结果

不确定因素变幅	估计值不变	投资增加20%	效益减少20%	投资增加20% 效益减少20%
EIRR（%）	19.22	17.07	16.29	14.36

经过综合治理，抗灾能力增强，生态环境改善，交通运输和文化卫生等都得到发展，村村有小学，农民的精神面貌也起了变化，这些不能用货币表达的效益，也证实综合治理方案是成功的。

我们必须清醒地看到，今后的巩固发展工作还是相当艰巨的。虽然摆脱了贫困，但是经济仍很薄弱，经济不发展，取得的成果就无法巩固。只要在干部或政策上稍有疏忽，滥垦乱伐仍可能重演。因此，要积极引导农民科学种田，大力发展商品经济，使破坏生态环境的恶性循环一去不复返。

附录　复利因数表

表 1　　　0.5% 复利因数

n	一次支付		等额多次支付				n
	复本利和因子 $(F/P,i\%,n)$	现值因子 $(P/F,i\%,n)$	偿还基金因子 $(A/F,i\%,n)$	复利因子 $(F/A,i\%,n)$	资金回收因子 $(A/P,i\%,n)$	现值因子 $(P/A,i\%,n)$	
	已知 P 求 F $(1+i)^n$	已知 F 求 P $\frac{1}{(1+i)^n}$	已知 F 求 A $\frac{i}{(1+i)^n-1}$	已知 A 求 F $\frac{(1+i)^n-1}{i}$	已知 P 求 A $\frac{i(1+i)^n}{(1+i)^n-1}$	已知 A 求 P $\frac{(1+i)^n-1}{i(1+i)^n}$	
1	1.0050	0.9950	1.00017	0.9998	1.00517	0.9949	1
2	1.0100	0.9901	0.49885	2.0046	0.50385	1.9847	2
3	1.0151	0.9852	0.33174	3.0144	0.33674	2.9696	3
4	1.0201	0.9803	0.24818	4.0293	0.25318	3.9497	4
5	1.0252	0.9754	0.19805	5.0493	0.20305	4.9250	5
6	1.0304	0.9705	0.16463	6.0743	0.16963	5.8953	6
7	1.0355	0.9657	0.14076	7.1045	0.14576	6.8608	7
8	1.0407	0.9609	0.12285	8.1400	0.12785	7.8277	8
9	1.0459	0.9561	0.10893	9.1805	0.11393	8.7775	9
10	1.0511	0.9514	0.09779	10.2263	0.10279	9.7288	10
11	1.0564	0.9466	0.08867	11.2772	0.09367	10.6753	11
12	1.0617	0.9419	0.08108	12.3333	0.08608	11.6169	12
13	1.0670	0.9372	0.07466	13.3947	0.07966	12.5540	13
14	1.0723	0.9326	0.06915	14.4617	0.07415	13.4865	14
15	1.0777	0.9279	0.06438	15.5338	0.06938	14.4143	15
16	1.0831	0.9233	0.06020	16.6113	0.06520	15.3374	16
17	1.0885	0.9187	0.05652	17.6941	0.06152	16.2559	17
18	1.0939	0.9142	0.05324	18.7824	0.05824	17.1700	18
19	1.0994	0.9096	0.05031	19.8761	0.05531	18.0794	19
20	1.1049	0.9051	0.04768	20.9753	0.05268	18.9843	20
22	1.1160	0.8901	0.04312	23.1903	0.04812	20.7807	22
24	1.1271	0.8872	0.03933	25.4274	0.04433	22.5593	24
25	1.1328	0.8828	0.03766	26.5543	0.04266	23.4419	25
26	1.1384	0.8784	0.03612	27.6869	0.04112	24.3201	26
28	1.1498	0.8697	0.03337	29.9690	0.03837	26.0635	28
30	1.1614	0.8611	0.03098	32.2741	0.03598	27.7896	30
32	1.1730	0.8525	0.02890	34.6022	0.03390	29.4986	32
34	1.1848	0.8440	0.02706	36.9537	0.03206	31.1907	34
35	1.1907	0.8398	0.02622	38.1384	0.03122	32.0305	35
36	1.1966	0.8357	0.02543	39.3288	0.03043	32.8659	36
38	1.2086	0.8274	0.02396	41.7276	0.02896	34.5245	38
40	1.2208	0.8192	0.02265	44.1505	0.02765	36.1667	40
45	1.2516	0.7990	0.01987	50.3147	0.02487	40.2012	45
50	1.2832	0.7793	0.01766	56.6344	0.02266	44.2012	50
55	1.3156	0.7601	0.01584	63.1136	0.02084	47.9744	55
60	1.3488	0.7414	0.01434	69.7565	0.01934	51.7182	60
65	1.3828	0.7232	0.01306	76.5669	0.01806	55.3696	65
70	1.4177	0.7053	0.01197	83.5495	0.01697	58.9312	70
75	1.4535	0.6880	0.01102	90.7082	0.01602	62.4050	75
80	1.4902	0.6710	0.01020	98.0477	0.01520	65.7933	80
85	1.5279	0.6545	0.00947	105.5726	0.01447	69.0982	85
90	1.5664	0.6384	0.00883	113.2874	0.01283	72.3217	90
95	1.6060	0.6227	0.00825	121.1970	0.01325	75.4659	95
100	1.6465	0.6073	0.00773	129.3061	0.01273	78.5325	100

表 2 **1% 复 利 因 数**

n	一次支付		等额多次支付				n
	复本利和因子 $(F/P,i\%,n)$	现值因子 $(P/F,i\%,n)$	偿还基金因子 $(A/F,i\%,n)$	复利因子 $(F/A,i\%,n)$	资金回收因子 $(A/P,i\%,n)$	现值因子 $(P/A,i\%,n)$	
	已知 P 求 F $(1+i)^n$	已知 F 求 P $\frac{1}{(1+i)^n}$	已知 F 求 A $\frac{i}{(1+i)^n-1}$	已知 A 求 F $\frac{(1+i)^n-1}{i}$	已知 P 求 A $\frac{i(1+i)^n}{(1+i)^n-1}$	已知 A 求 P $\frac{(1+i)^n-1}{i(1+i)^n}$	
1	1.0100	0.9901	1.00007	0.9999	1.01007	0.9900	1
2	1.0201	0.9803	0.49757	2.0098	0.50757	1.9702	2
3	1.0303	0.9706	0.33005	3.0298	0.34005	2.9407	3
4	1.0406	0.9610	0.24630	4.0601	0.25630	3.9017	4
5	1.0510	0.9515	0.19606	5.1005	0.20606	4.8530	5
6	1.0615	0.9420	0.16256	6.1515	0.17256	5.7950	6
7	1.0721	0.9327	0.13864	7.2129	0.14864	6.7277	7
8	1.0829	0.9235	0.12070	8.2851	0.13070	7.6512	8
9	1.0937	0.9143	0.10675	9.3678	0.11675	8.5654	9
10	1.1046	0.9053	0.09559	10.4613	0.10559	9.4706	10
11	1.1157	0.8963	0.08646	11.5659	0.09646	10.3663	11
12	1.1268	0.8875	0.07886	12.6815	0.08886	11.2543	12
13	1.1381	0.8787	0.07242	13.8083	0.08242	12.1329	13
14	1.1495	0.8700	0.06691	14.9462	0.07691	13.0028	14
15	1.1610	0.8614	0.06213	16.0956	0.07213	13.8641	15
16	1.1726	0.8528	0.05795	17.2565	0.06715	14.7169	16
17	1.1843	0.8444	0.05426	18.4290	0.06426	15.5612	17
18	1.1961	0.8360	0.05099	19.6132	0.06099	16.3972	18
19	1.2081	0.8278	0.04806	20.8092	0.05806	17.2248	19
20	1.2202	0.8196	0.04542	22.0172	0.05542	18.0443	20
22	1.2447	0.8043	0.04087	24.4696	0.05087	19.6591	22
24	1.2697	0.7876	0.03708	26.9713	0.04708	21.2420	24
25	1.2824	0.7798	0.03541	28.2409	0.04541	22.0217	25
26	1.2952	0.7721	0.03387	29.5232	0.04387	22.7937	26
28	1.3213	0.7569	0.03113	32.1264	0.04113	23.3149	28
30	1.3478	0.7419	0.02875	34.7820	0.03875	25.8061	30
32	1.3749	0.7273	0.02667	37.4909	0.03667	27.2679	32
34	1.4025	0.7130	0.02484	40.2542	0.03484	28.7009	34
35	1.4166	0.7059	0.02401	41.6567	0.03401	29.4068	35
36	1.4307	0.6989	0.02322	43.0732	0.03322	30.1057	36
38	1.4595	0.6852	0.02176	45.9487	0.03176	31.4828	38
40	1.4888	0.6717	0.02046	48.8820	0.03046	32.8327	40
45	1.5648	0.6391	0.01771	56.4761	0.02771	36.0925	45
50	1.6446	0.6081	0.01551	64.4573	0.02551	39.1939	50
55	1.7285	0.5786	0.01373	72.8456	0.02373	42.1449	55
60	1.8166	0.5505	0.01225	81.6619	0.02225	44.9527	60
65	1.9093	0.5238	0.01100	90.9277	0.02100	47.6242	65
70	2.0067	0.4983	0.00993	100.6663	0.01993	50.1660	70
75	2.1090	0.4742	0.00902	110.9015	0.01902	52.5845	75
80	2.2166	0.4511	0.00822	121.6588	0.01822	54.8856	80
85	2.3296	0.4292	0.00752	132.9648	0.01752	57.0751	85
90	2.4485	0.4084	0.00690	144.8475	0.01690	59.1583	90
95	2.5734	0.3886	0.00636	157.3362	0.01636	61.1404	95
100	2.7049	0.3697	0.00537	170.4620	0.01587	63.0263	100

表 3 **2% 复利因数**

n	一次支付		等额多次支付				n
	复本利和因子 $(F/P,i\%,n)$	现值因子 $(P/F,i\%,n)$	偿还基金因子 $(A/F,i\%,n)$	复利因子 $(F/A,i\%,n)$	资金回收因子 $(A/P,i\%,n)$	现值因子 $(P/A,i\%,n)$	
	已知 P 求 F $(1+i)^n$	已知 F 求 P $\frac{1}{(1+i)^n}$	已知 F 求 A $\frac{i}{(1+i)^n-1}$	已知 A 求 F $\frac{(1+i)^n-1}{i}$	已知 P 求 A $\frac{i(1+i)^n}{(1+i)^n-1}$	已知 A 求 P $\frac{(1+i)^n-1}{i(1+i)^n}$	
1	1.0200	0.9804	1.00002	1.000	1.02052	0.9804	1
2	1.0404	0.9612	0.49507	2.020	0.51507	1.9415	2
3	1.0612	0.9423	0.32677	3.060	0.34677	2.8838	3
4	1.0824	0.9238	0.24263	4.121	0.26263	3.8076	4
5	1.1041	0.9057	0.19217	5.204	0.21217	4.7133	5
6	1.1262	0.8880	0.15853	6.308	0.17853	5.6012	6
7	1.1487	0.8706	0.13452	7.434	0.15452	6.4718	7
8	1.1717	0.8535	0.11651	8.583	0.13651	7.3252	8
9	1.1951	0.8368	0.10252	9.754	0.12252	8.1619	9
10	1.2190	0.8204	0.09133	10.949	0.11133	8.9823	10
11	1.2434	0.8043	0.08218	12.168	0.10218	9.7865	11
12	1.2682	0.7885	0.07456	13.411	0.09456	10.5750	12
13	1.2936	0.7730	0.06812	14.680	0.08812	11.3480	13
14	1.3195	0.7579	0.06261	15.973	0.08261	12.1058	14
15	1.3459	0.7430	0.05783	17.293	0.07783	12.8488	15
16	1.3728	0.7285	0.05365	18.638	0.07365	13.5772	16
17	1.4002	0.7142	0.04997	20.011	0.06997	14.2914	17
18	1.4282	0.7002	0.04670	21.411	0.06670	14.9915	18
19	1.4568	0.6864	0.04378	22.839	0.06378	15.6779	19
20	1.4859	0.6730	0.04116	24.296	0.06116	16.3509	20
21	1.5156	0.6598	0.03879	25.782	0.05879	17.0106	21
22	1.5460	0.6469	0.03663	27.298	0.05663	17.6574	22
23	1.5769	0.6342	0.03467	28.843	0.05467	18.2916	23
24	1.6084	0.6217	0.03287	30.420	0.05287	18.9133	24
25	1.6406	0.6095	0.03122	32.029	0.05122	19.5228	25
26	1.6734	0.5976	0.02970	33.669	0.04970	20.1204	26
27	1.7068	0.5859	0.02829	35.342	0.04829	20.7062	27
28	1.7410	0.5744	0.02699	37.049	0.04699	21.2806	28
29	1.7758	0.5631	0.02578	38.790	0.04578	21.8437	29
30	1.8113	0.5521	0.02465	40.566	0.04465	22.3958	30
35	1.9998	0.5000	0.02000	49.992	0.04000	24.9979	35
40	2.2080	0.4529	0.01656	60.398	0.03656	27.3547	40
45	2.4378	0.4102	0.01391	71.888	0.03391	29.4894	45
50	2.6915	0.3715	0.01182	84.574	0.03182	31.4228	50
55	2.9716	0.3365	0.01014	98.580	0.03014	33.1740	55
60	3.2809	0.3048	0.00877	114.043	0.02877	34.7601	60
65	3.6223	0.2761	0.00763	131.116	0.02763	36.1967	65
70	3.9993	0.2500	0.00667	149.966	0.02667	37.4979	70
75	4.4156	0.2265	0.00586	170.778	0.02586	38.6764	75
80	4.8751	0.2051	0.00516	193.756	0.02516	39.7438	80
85	5.3825	0.1858	0.00456	219.125	0.02456	40.7106	85
90	5.9427	0.1683	0.00505	247.134	0.02405	41.5863	90
95	6.5612	0.1524	0.00360	278.059	0.02360	42.3794	95
100	7.2440	0.1380	0.00320	312.202	0.02320	43.0978	100

表 4　　**3％复利因数**

n	一次支付		等额多次支付				n
	复本利和因子 $(F/P,i\%,n)$	现值因子 $(P/F,i\%,n)$	偿还基金因子 $(A/F,i\%,n)$	复利因子 $(F/A,i\%,n)$	资金回收因子 $(A/P,i\%,n)$	现值因子 $(P/A,i\%,n)$	
	已知 P 求 F $(1+i)^n$	已知 F 求 P $\frac{1}{(1+i)^n}$	已知 F 求 A $\frac{i}{(1+i)^n-1}$	已知 A 求 F $\frac{(1+i)^n-1}{i}$	已知 P 求 A $\frac{i(1+i)^n}{(1+i)^n-1}$	已知 A 求 P $\frac{(1+i)^n-1}{i(1+i)^n}$	
1	0.0300	0.9709	1.00000	1.000	1.03000	0.9709	1
2	1.0609	0.9426	0.49262	2.030	0.52262	1.9134	2
3	1.0927	0.9151	0.32354	3.091	0.35354	2.8286	3
4	1.1255	0.8885	0.23903	4.184	0.26903	3.7170	4
5	1.1593	0.8626	0.18826	5.309	0.21836	4.5796	5
6	1.1940	0.8375	0.15460	6.468	0.18460	5.4171	6
7	1.2299	0.8131	0.13051	7.662	0.16051	6.2301	7
8	1.2668	0.7894	0.11246	8.892	0.14246	7.0195	8
9	1.3048	0.7664	0.09844	10.159	0.12844	7.7859	9
10	1.3439	0.7441	0.08723	11.464	0.11723	8.5300	10
11	1.3842	0.7224	0.07808	12.807	0.10808	9.2524	11
12	1.4257	0.7014	0.07046	14.192	0.10046	9.9538	12
13	1.4685	0.6810	0.06403	15.617	0.09403	10.6437	13
14	1.5126	0.6611	0.05853	17.086	0.08853	11.2958	14
15	1.5579	0.6419	0.05377	18.598	0.08377	11.9377	15
16	1.6047	0.6232	0.04961	20.156	0.07961	12.5608	16
17	1.6528	0.6050	0.04595	21.761	0.07595	13.1658	17
18	1.7024	0.5874	0.04271	23.414	0.07271	13.7532	18
19	1.7535	0.5703	0.03982	25.116	0.06982	14.3235	19
20	1.8061	0.5537	0.03722	26.869	0.06722	14.8772	20
21	1.8603	0.5376	0.03487	28.675	0.06487	15.4147	21
22	1.9161	0.5219	0.03275	30.536	0.06275	15.9366	22
23	1.9735	0.5067	0.03082	32.452	0.06082	16.4433	23
24	2.0328	0.4919	0.02905	34.425	0.05905	16.9352	24
25	2.0937	0.4776	0.02743	36.458	0.05743	17.4128	25
26	2.1565	0.4637	0.02594	38.551	0.05594	17.8765	26
27	2.2212	0.4502	0.02457	40.708	0.05457	18.3267	27
28	2.2879	0.4371	0.02329	42.929	0.05329	18.7638	28
29	2.3565	0.4244	0.02212	45.217	0.05212	19.1881	29
30	2.4272	0.4120	0.02102	47.573	0.05102	19.6001	30
35	2.8138	0.3554	0.01654	60.459	0.04654	21.4869	35
40	3.2619	0.3066	0.01326	75.398	0.04326	23.1144	40
45	3.7815	0.2644	0.01079	92.715	0.04079	24.5184	45
50	4.3837	0.2281	0.00887	112.791	0.03887	25.7294	50
55	5.0819	0.1968	0.00735	136.064	0.03735	26.7741	55
60	5.8913	0.1697	0.00613	163.044	0.03613	27.6753	60
65	6.8296	0.1464	0.00515	194.320	0.03515	28.4526	65
70	7.9174	0.1263	0.00434	230.579	0.03434	29.1232	70
75	9.1783	0.1090	0.00367	272.611	0.03367	29.7016	75
80	10.6402	0.0940	0.00311	321.339	0.03311	30.2005	80
85	12.3348	0.0811	0.00265	377.828	0.03265	30.6310	85
90	14.2994	0.0699	0.00226	443.313	0.03226	31.0022	90
95	16.5768	0.0603	0.00193	519.228	0.03193	31.3225	95
100	19.2170	0.0520	0.00165	607.233	0.03165	31.5988	100

表 5　　**4% 复利因数**

n	一次支付		等额多次支付				n
	复本利和因子 $(F/P,i\%,n)$	现值因子 $(P/F,i\%,n)$	偿还基金因子 $(A/F,i\%,n)$	复利因子 $(F/A,i\%,n)$	资金回收因子 $(A/P,i\%,n)$	现值因子 $(P/A,i\%,n)$	
	已知 P 求 F $(1+i)^n$	已知 F 求 P $\frac{1}{(1+i)^n}$	已知 F 求 A $\frac{i}{(1+i)^n-1}$	已知 A 求 F $\frac{(1+i)^n-1}{i}$	已知 P 求 A $\frac{i(1+i)^n}{(1+i)^n-1}$	已知 A 求 P $\frac{(1+i)^n-1}{i(1+i)^n}$	
1	1.0400	0.9615	1.00000	1.000	1.04000	0.9615	1
2	1.0816	0.9246	0.49020	2.040	0.53020	1.8861	2
3	1.1249	0.8890	0.32035	3.122	0.36035	2.7751	3
4	1.1699	0.8548	0.23549	4.246	0.27549	3.6299	4
5	1.2167	0.8219	0.18463	5.416	0.22463	4.4518	5
6	1.2653	0.7903	0.15076	6.633	0.19076	5.2421	6
7	1.3159	0.7599	0.12661	7.898	0.16661	6.0020	7
8	1.3686	0.7307	0.10853	9.214	0.14853	6.7327	8
9	1.4233	0.7026	0.09449	10.583	0.13449	7.4352	9
10	1.4802	0.6756	0.08329	12.006	0.12329	8.1108	10
11	1.5394	0.6496	0.07415	13.486	0.11415	8.7604	11
12	1.6010	0.6246	0.06655	15.026	0.10655	9.3850	12
13	1.6651	0.6006	0.06014	16.627	0.10014	9.9855	13
14	1.7317	0.5775	0.05467	18.292	0.09467	10.5630	14
15	1.8009	0.5553	0.04994	20.023	0.08994	11.1183	15
16	1.8730	0.5339	0.04582	21.824	0.08582	11.6522	16
17	1.9479	0.5134	0.04220	23.697	0.08220	12.1655	17
18	2.0258	0.4936	0.03899	25.645	0.07899	12.6592	18
19	2.1068	0.4746	0.03614	27.671	0.07614	13.1338	19
20	2.1911	0.4564	0.03358	29.777	0.07358	13.5902	20
21	2.2787	0.4388	0.03128	31.968	0.07128	14.0290	21
22	2.3699	0.4220	0.02820	34.247	0.06920	14.4510	22
23	2.4647	0.4057	0.02731	36.617	0.06731	14.8567	23
24	2.5633	0.3901	0.02559	39.082	0.06559	15.2468	24
25	2.6658	0.3751	0.02401	41.645	0.06401	15.6219	25
26	2.7724	0.3607	0.02257	44.311	0.06257	15.9826	26
27	2.8833	0.3468	0.02124	47.083	0.06124	16.3294	27
28	2.9987	0.3335	0.02001	49.966	0.06001	16.6629	28
29	3.1186	0.3207	0.01888	52.965	0.05888	16.9836	29
30	3.2433	0.3083	0.01783	56.083	0.05783	17.2919	30
35	3.9460	0.2534	0.01358	73.650	0.05358	18.6645	35
40	4.8009	0.2083	0.01052	95.023	0.05052	19.7926	40
45	5.8410	0.1712	0.00826	121.025	0.04826	20.7199	45
50	7.1065	0.1407	0.00655	152.662	0.04055	21.4821	50
55	8.6461	0.1157	0.00523	191.152	0.04523	22.1085	55
60	10.5192	0.0951	0.00420	237.981	0.04420	22.6234	60
65	12.7892	0.0781	0.00339	294.956	0.04339	23.0466	65
70	15.5710	0.0642	0.00275	364.274	0.04275	23.3944	70
75	18.9444	0.0528	0.00223	448.610	0.04223	23.6803	75
80	23.0487	0.0434	0.00181	551.217	0.04181	23.9153	80
85	28.0421	0.0357	0.00148	676.054	0.04148	24.1085	85
90	34.1174	0.0293	0.00121	827.936	0.04121	24.2672	90
95	41.5090	0.0241	0.00099	1012.724	0.04099	24.3977	95
100	50.5018	0.0198	0.00081	1237.546	0.04081	24.5050	100

表 6　　　　5% 复 利 因 数

n	一次支付		等额多次支付				n
	复本利和因子 $(F/P,i\%,n)$	现值因子 $(P/F,i\%,n)$	偿还基金因子 $(A/F,i\%,n)$	复利因子 $(F/A,i\%,n)$	资金回收因子 $(A/P,i\%,n)$	现值因子 $(P/A,i\%,n)$	
	已知 P 求 F $(1+i)^n$	已知 F 求 P $\frac{1}{(1+i)^n}$	已知 F 求 A $\frac{i}{(1+i)^n-1}$	已知 A 求 F $\frac{(1+i)^n-1}{i}$	已知 P 求 A $\frac{i(1+i)^n}{(1+i)^n-1}$	已知 A 求 P $\frac{(1+i)^n-1}{i(1+i)^n}$	
1	1.050	0.9524	1.00001	1.000	1.05001	0.952	1
2	1.102	0.9070	0.48781	2.050	0.53781	1.859	2
3	1.158	0.8638	0.31722	3.152	0.36722	2.723	3
4	1.216	0.8227	0.23202	4.310	0.28202	3.546	4
5	1.276	0.7835	0.18098	5.526	0.23098	4.329	5
6	1.340	0.7402	0.14702	6.802	0.19702	5.076	6
7	1.407	0.7107	0.12282	8.142	0.17282	5.786	7
8	1.477	0.8768	0.10472	9.549	0.15472	6.463	8
9	1.551	0.6446	0.09069	11.026	0.14069	7.108	9
10	1.629	0.6139	0.07951	12.578	0.12951	7.722	10
11	1.710	0.5847	0.07039	14.206	0.12039	8.306	11
12	1.796	0.5568	0.06283	15.917	0.11283	8.863	12
13	1.886	0.5303	0.05646	17.712	0.10646	9.393	13
14	1.980	0.5051	0.05103	19.598	0.10103	9.899	14
15	2.079	0.4810	0.04634	21.578	0.09634	10.380	15
16	2.183	0.4581	0.04227	23.657	0.09227	10.838	16
17	2.292	0.4363	0.03870	25.840	0.08870	11.274	17
18	2.407	0.4155	0.03555	28.132	0.08555	11.689	18
19	2.527	0.3957	0.03275	30.538	0.08275	12.085	19
20	2.653	0.3769	0.03024	33.065	0.08024	12.462	20
21	2.786	0.3589	0.02800	35.718	0.07800	12.821	21
22	2.925	0.3419	0.02597	38.504	0.07597	13.163	22
23	3.071	0.3256	0.02414	41.429	0.07414	13.488	23
24	3.225	0.3101	0.02247	44.500	0.07247	13.798	24
25	3.386	0.2953	0.02095	47.725	0.07095	14.094	25
26	3.556	0.2812	0.01957	51.112	0.06956	14.375	26
27	3.733	0.2679	0.01829	54.667	0.06829	14.643	27
28	3.920	0.2551	0.01712	58.400	0.06712	14.898	28
29	4.116	0.2430	0.01605	62.320	0.06605	15.141	29
30	4.322	0.2314	0.01505	66.436	0.06505	15.372	30
35	5.516	0.1813	0.01107	90.316	0.06107	16.374	35
40	7.040	0.1421	0.00828	120.794	0.05828	17.159	40
50	11.467	0.0872	0.00478	209.336	0.05478	18.256	50
75	38.830	0.0258	0.00132	756.594	0.05132	19.485	75
100	131.488	0.0076	0.00038	2609.761	0.05038	19.848	100

表 7　　　　**6% 复 利 因 数**

n	一次支付		等额多次支付				n
	复本利和因子 $(F/P,i\%,n)$	现值因子 $(P/F,i\%,n)$	偿还基金因子 $(A/F,i\%,n)$	复利因子 $(F/A,i\%,n)$	资金回收因子 $(A/P,i\%,n)$	现值因子 $(P/A,i\%,n)$	
	已知 P 求 F $(1+i)^n$	已知 F 求 P $\frac{1}{(1+i)^n}$	已知 F 求 A $\frac{i}{(1+i)^n-1}$	已知 A 求 F $\frac{(1+i)^n-1}{i}$	已知 P 求 A $\frac{i(1+i)^n}{(1+i)^n-1}$	已知 A 求 P $\frac{(1+i)^n-1}{i(1+i)^n}$	
1	1.060	0.9434	1.00001	1.000	1.06001	0.943	1
2	1.124	0.8900	0.48544	2.060	0.54544	1.833	2
3	1.191	0.8396	0.31411	3.184	0.37411	2.673	3
4	1.262	0.7921	0.22860	4.375	0.28860	3.465	4
5	1.338	0.7473	0.17740	5.637	0.23740	4.212	5
6	1.419	0.7050	0.14337	6.975	0.20337	4.917	6
7	1.504	0.6651	0.11914	8.394	0.17914	5.582	7
8	1.594	0.6274	0.10104	9.897	0.16104	6.210	8
9	1.689	0.5919	0.08702	11.491	0.14702	6.802	9
10	1.791	0.5584	0.07587	13.181	0.13587	7.360	10
11	1.898	0.5268	0.06679	14.971	0.12679	7.887	11
12	2.012	0.4970	0.05928	16.870	0.11928	8.384	12
13	2.133	0.4688	0.05296	18.882	0.11296	8.853	13
14	2.261	0.4423	0.04759	21.015	0.10759	9.295	14
15	2.397	0.4173	0.04296	23.275	0.10296	9.712	15
16	2.540	0.3937	0.03895	25.672	0.09895	10.106	16
17	2.693	0.3714	0.03545	28.212	0.09545	10.477	17
18	2.854	0.3503	0.03236	30.905	0.09236	10.828	18
19	3.026	0.3305	0.02962	33.759	0.08962	11.158	19
20	3.207	0.3118	0.02719	36.785	0.08719	11.470	20
21	3.399	0.2942	0.02501	39.992	0.08501	11.764	21
22	3.603	0.2775	0.02305	43.391	0.08305	12.041	22
23	3.820	0.2618	0.02128	46.994	0.08128	12.303	23
24	4.049	0.2470	0.01968	50.814	0.07968	12.550	24
25	4.292	0.2330	0.01823	54.863	0.07823	12.783	25
26	4.549	0.2198	0.01690	59.154	0.07690	13.003	26
27	4.822	0.2074	0.01570	63.704	0.07570	13.210	27
28	5.112	0.1956	0.01459	68.526	0.07459	13.406	28
29	5.418	0.1846	0.01358	73.637	0.07358	13.591	29
30	5.743	0.1741	0.01265	79.055	0.07265	13.765	30
35	7.686	0.1301	0.00897	111.430	0.06897	14.498	35
40	10.285	0.0972	0.00646	154.755	0.06646	15.046	40
50	18.419	0.0543	0.00344	290.321	0.06344	15.762	50
75	79.051	0.0127	0.00077	1300.852	0.06077	16.456	75
100	339.269	0.0029	0.00018	5637.809	0.06018	16.618	100

表 8　　7% 复 利 因 数

n	一次支付		等额多次支付				n
	复本利和因子 $(F/P,i\%,n)$	现值因子 $(P/F,i\%,n)$	偿还基金因子 $(A/F,i\%,n)$	复利因子 $(F/A,i\%,n)$	资金回收因子 $(A/P,i\%,n)$	现值因子 $(P/A,i\%,n)$	
	已知 P 求 F $(1+i)^n$	已知 F 求 P $\frac{1}{(1+i)^n}$	已知 F 求 A $\frac{i}{(1+i)^n-1}$	已知 A 求 F $\frac{(1+i)^n-1}{i}$	已知 P 求 A $\frac{i(1+i)^n}{(1+i)^n-1}$	已知 A 求 P $\frac{(1+i)^n-1}{i(1+i)^n}$	
1	1.070	0.9346	1.00000	1.000	1.07000	0.935	1
2	1.145	0.8734	0.48310	2.070	0.55310	1.808	2
3	1.225	0.8163	0.31106	3.215	0.38105	2.624	3
4	1.311	0.7629	0.22523	4.440	0.29523	3.387	4
5	1.403	0.7130	0.17389	5.751	0.24389	4.100	5
6	1.501	0.6663	0.13980	7.153	0.20980	4.766	6
7	1.606	0.6228	0.11555	8.654	0.18555	5.389	7
8	1.718	0.5820	0.09747	10.260	0.16747	5.971	8
9	1.838	0.5439	0.08349	11.978	0.15349	6.515	9
10	1.967	0.5084	0.07238	13.816	0.14233	7.024	10
11	2.105	0.4751	0.06336	15.783	0.13336	7.499	11
12	2.252	0.4440	0.05590	17.888	0.12590	7.943	12
13	2.410	0.4150	0.04965	20.140	0.11965	8.353	13
14	2.579	0.3878	0.04435	22.550	0.11435	8.745	14
15	2.759	0.3625	0.03980	25.129	0.10980	9.108	15
16	2.952	0.3387	0.03586	27.887	0.10586	9.447	16
17	3.159	0.3166	0.03243	30.840	0.10243	9.763	17
18	3.380	0.2959	0.02941	33.998	0.09941	10.059	18
19	3.616	0.2765	0.02675	37.378	0.09675	10.336	19
20	3.870	0.2584	0.02439	40.995	0.09439	10.594	20
21	4.140	0.2415	0.02229	44.864	0.09229	10.835	21
22	4.430	0.2257	0.02041	49.005	0.09041	11.061	22
23	4.740	0.2110	0.01871	53.435	0.08871	11.272	23
24	5.072	0.1972	0.01719	58.175	0.08719	11.469	24
25	5.427	0.1843	0.01581	63.247	0.08581	11.654	25
26	5.807	0.1722	0.01456	68.675	0.08456	11.826	26
27	6.214	0.1609	0.01343	74.482	0.08343	11.987	27
28	6.649	0.1504	0.01239	80.695	0.08239	12.137	28
29	7.114	0.1406	0.01145	87.344	0.08145	12.278	29
30	7.612	0.1314	0.01059	94.458	0.08059	12.409	30
35	10.676	0.0937	0.00723	138.233	0.07723	12.948	35
40	14.974	0.0668	0.00501	199.628	0.07501	13.332	40
50	29.456	0.0339	0.00246	406.511	0.07246	13.801	50
75	159.866	0.0063	0.00044	2269.516	0.07044	14.196	75
100	867.644	0.0012	0.00008	12380.633	0.07008	14.269	100

表 9　　　　**8％ 复 利 因 数**

n	一次支付		等额多次支付				n
	复本利和因子 $(F/P,i\%,n)$	现值因子 $(P/F,i\%,n)$	偿还基金因子 $(A/F,i\%,n)$	复利因子 $(F/A,i\%,n)$	资金回收因子 $(A/P,i\%,n)$	现值因子 $(P/A,i\%,n)$	
	已知 P 求 F $(1+i)^n$	已知 F 求 P $\frac{1}{(1+i)^n}$	已知 F 求 A $\frac{i}{(1+i)^n-1}$	已知 A 求 F $\frac{(1+i)^n-1}{i}$	已知 P 求 A $\frac{i(1+i)^n}{(1+i)^n-1}$	已知 A 求 P $\frac{(1+i)^n-1}{i(1+i)^n}$	
1	1.080	0.9259	1.00000	1.000	1.08000	0.926	1
2	1.166	0.8573	0.48077	2.080	0.56077	1.783	2
3	1.260	0.7938	0.30804	3.246	0.38804	2.577	3
4	1.360	0.7350	0.22192	4.506	0.30192	3.312	4
5	1.469	0.6806	0.17046	5.867	0.25046	3.993	5
6	1.587	0.6302	0.13632	7.336	0.21632	4.623	6
7	1.714	0.5835	0.11207	8.923	0.19207	5.206	7
8	1.851	0.5403	0.09402	10.637	0.17402	5.747	8
9	1.999	0.5003	0.08008	12.487	0.16008	6.247	9
10	2.159	0.4632	0.06903	14.486	0.14903	6.710	10
11	2.332	0.4289	0.06008	16.645	0.14008	7.139	11
12	2.518	0.3971	0.05270	18.977	0.13270	7.536	12
13	2.720	0.3677	0.04652	21.495	0.12652	7.904	13
14	2.937	0.3405	0.04130	24.215	0.12130	8.244	14
15	2.172	0.3152	0.03683	27.152	0.11683	8.559	15
16	3.426	0.2919	0.03298	30.324	0.11298	8.851	16
17	3.700	0.2703	0.02963	33.750	0.10963	9.233	17
18	3.996	0.2503	0.02670	37.450	0.10670	9.372	18
19	4.316	0.2317	0.02413	41.446	0.10413	9.604	19
20	4.661	0.2146	0.02135	45.761	0.10185	9.818	20
21	5.034	0.1987	0.01983	50.422	0.09983	10.017	21
22	5.436	0.1839	0.01803	55.456	0.09803	10.201	22
23	5.871	0.1703	0.01642	60.892	0.09642	10.371	23
24	6.341	0.1577	0.01498	66.764	0.09498	10.529	24
25	6.848	0.1460	0.01368	73.105	0.09368	10.675	25
26	7.396	0.1352	0.01251	79.953	0.09251	10.810	26
27	7.988	0.1252	0.01145	87.349	0.09145	10.935	27
28	8.627	0.1159	0.01049	95.337	0.09049	11.051	28
29	9.317	0.1073	0.00962	103.964	0.08962	11.158	29
30	10.062	0.0994	0.00883	113.281	0.08883	11.258	30
35	14.785	0.0676	0.00580	172.313	0.08580	11.655	35
40	21.724	0.0460	0.00386	259.050	0.08386	11.925	40
50	46.900	1.0213	0.00174	573.753	0.08174	12.233	50
75	321.190	0.0031	0.00025	4002.378	0.08025	12.461	75
100	2199.630	0.0005	0.00004	27482.879	0.08004	12.494	100

表 10　　　　**9％复利因数**

n	一次支付		等额多次支付				n
	复本利和因子 $(F/P,i\%,n)$	现值因子 $(P/F,i\%,n)$	偿还基金因子 $(A/F,i\%,n)$	复利因子 $(F/A,i\%,n)$	资金回收因子 $(A/P,i\%,n)$	现值因子 $(P/A,i\%,n)$	
	已知 P 求 F $(1+i)^n$	已知 F 求 P $\frac{1}{(1+i)^n}$	已知 F 求 A $\frac{i}{(1+i)^n-1}$	已知 A 求 F $\frac{(1+i)^n-1}{i}$	已知 P 求 A $\frac{i(1+i)^n}{(1+i)^n-1}$	已知 A 求 P $\frac{(1+i)^n-1}{i(1+i)^n}$	
1	1.0900	0.9174	1.00001	1.000	1.09001	0.9174	1
2	1.1881	0.8417	0.47847	2.090	0.56847	1.7591	2
3	1.2950	0.7722	0.30506	3.278	0.35506	2.5313	3
4	1.4116	0.7084	0.21867	4.573	0.30867	3.2397	4
5	1.5386	0.6499	0.16709	5.985	0.25709	3.8896	5
6	1.6771	0.5963	0.13292	7.523	0.22292	4.4859	6
7	1.8280	0.5470	0.10869	9.200	0.19869	5.0329	7
8	1.9926	0.5019	0.09068	11.028	0.18068	5.5348	8
9	2.1719	0.4604	0.07680	13.021	0.16680	5.9952	9
10	2.3673	0.4224	0.06582	15.193	0.15582	6.4176	10
11	2.5804	0.3875	0.05695	17.560	0.14695	6.8052	11
12	2.8126	0.3555	0.04965	20.140	0.13965	7.1607	12
13	3.0658	0.3262	0.04357	22.953	0.13357	7.4869	13
14	3.3417	0.2992	0.03843	26.019	0.12843	7.7861	14
15	3.6424	0.2745	0.03406	29.360	0.12406	8.0607	15
16	3.9703	0.2519	0.03030	33.003	0.12030	8.3125	16
17	4.3276	0.2311	0.02705	36.973	0.11705	8.5436	17
18	4.7171	0.2120	0.02421	41.301	0.11421	8.7556	18
19	5.1416	0.1945	0.02173	46.018	0.11173	8.9501	19
20	5.6043	0.1784	0.01955	51.159	0.10955	9.1285	20
22	6.6585	0.1502	0.01591	62.872	0.10501	9.4424	22
24	7.9109	0.1264	0.01302	76.788	0.10302	9.7066	24
25	8.6229	0.1160	0.01181	84.699	0.10121	9.8226	25
26	9.3990	0.1064	0.01072	93.322	0.10072	9.9290	26
28	11.1669	0.0896	0.00885	112.966	0.09885	10.1161	28
30	13.2674	0.0754	0.00734	136.304	0.09734	10.2736	30
32	15.7630	0.0634	0.00610	164.033	0.09610	10.4062	32
34	18.7279	0.0534	0.00508	196.977	0.09508	10.5178	34
35	20.4134	0.0490	0.00464	215.705	0.09464	10.5668	35
36	22.2506	0.0449	0.00424	236.118	0.09424	10.6118	36
38	26.4359	0.0378	0.00354	282.621	0.09354	10.6908	38
40	31.4085	0.0318	0.00296	337.872	0.09296	10.7574	40
45	48.3257	0.0207	0.00190	525.841	0.09190	10.8812	45
50	74.3548	0.0134	0.00123	815.053	0.09123	10.9617	50
55	114.404	0.0087	0.00079	1260.041	0.09079	11.0140	55
60	176.024	0.0057	0.00051	1944.707	0.09051	11.0480	60
65	270.833	0.0037	0.00033	2998.146	0.09033	11.0701	65
70	416.708	0.0024	0.00022	4618.984	0.09022	11.0845	70
75	641.156	0.0016	0.00014	7112.840	0.09014	11.0938	75
80	986.494	0.0010	0.00009	10949.930	0.09009	11.0999	80
85	1517.837	0.0007	0.00006	16853.750	0.09006	11.1038	85
90	2335.372	0.0004	0.00004	25937.470	0.09004	11.1064	90
95	3593.246	0.0003	0.00003	39913.870	0.09002	11.1080	95
100	5528.533	0.0002	0.00002	61418.200	0.09002	11.1091	100

表 11　　**10％ 复 利 因 数**

n	一次支付		等额多次支付				n
	复本利和因子 $(F/P,i\%,n)$	现值因子 $(P/F,i\%,n)$	偿还基金因子 $(A/F,i\%,n)$	复利因子 $(F/A,i\%,n)$	资金回收因子 $(A/P,i\%,n)$	现值因子 $(P/A,i\%,n)$	
	已知 P 求 F $(1+i)^n$	已知 F 求 P $\frac{1}{(1+i)^n}$	已知 F 求 A $\frac{i}{(1+i)^n-1}$	已知 A 求 F $\frac{(1+i)^n-1}{i}$	已知 P 求 A $\frac{i(1+i)^n}{(1+i)^n-1}$	已知 A 求 P $\frac{(1+i)^n-1}{i(1+i)^n}$	
1	1.1000	0.9091	1.00000	1.000	1.10001	0.9091	1
2	1.2100	0.8264	0.47619	2.100	0.57619	1.7355	2
3	1.3310	0.7513	0.30212	3.310	0.40212	2.4868	3
4	1.4641	0.6830	0.21547	4.641	0.31547	3.1698	4
5	1.6105	0.6209	0.16380	6.105	0.26380	3.7908	5
6	1.7716	0.5645	0.12961	7.716	0.22961	4.3552	6
7	1.9487	0.5132	0.10541	9.487	0.20541	4.8684	7
8	2.1436	0.4665	0.08744	11.436	0.18744	5.3349	8
9	2.3579	0.4241	0.07364	13.579	0.17364	5.7590	9
10	2.5937	0.3855	0.06275	15.937	0.16275	6.1445	10
11	2.8531	0.3505	0.05396	18.531	0.15396	6.4950	11
12	3.1384	0.3186	0.04676	21.384	0.14676	6.8137	12
13	3.4522	0.2897	0.04078	24.522	0.14078	7.1033	13
14	3.7975	0.2633	0.03575	27.975	0.13575	7.3667	14
15	4.1772	0.2394	0.03147	31.772	0.13147	7.6061	15
16	4.5949	0.2176	0.02782	35.949	0.12782	7.8237	16
17	5.0544	0.1978	0.02466	40.544	0.12466	8.0215	17
18	5.5599	0.1799	0.02193	45.599	0.12193	8.2014	18
19	6.1158	0.1635	0.01955	51.159	0.11955	8.3649	19
20	6.7274	0.1486	0.01746	57.274	0.11746	8.5136	20
22	8.1402	0.1228	0.01401	71.402	0.11401	8.7715	22
24	9.8496	0.1015	0.01130	88.496	0.11130	8.9847	24
25	10.8346	0.0923	0.01017	98.346	0.11017	9.0770	25
26	11.9180	0.0839	0.00916	109.180	0.10916	9.1609	26
28	14.4208	0.0693	0.00745	134.208	0.10745	9.3066	28
30	17.4491	0.0573	0.00608	164.491	0.10608	9.4269	30
32	21.1134	0.0474	0.00497	201.134	0.10497	9.5264	32
34	25.5472	0.0391	0.00407	245.472	0.10407	9.6086	34
35	28.1019	0.0356	0.00369	271.019	0.10369	9.6442	35
36	30.9121	0.0323	0.00334	299.121	0.10334	9.6765	36
38	37.4036	0.0267	0.00275	364.036	0.10275	9.7327	38
40	45.2583	0.0221	0.00226	442.583	0.10226	9.7791	40
45	72.8888	0.0137	0.00139	718.888	0.10139	9.8628	45
50	117.388	0.0085	0.00086	1163.878	0.10086	9.9148	50
55	180.054	0.0053	0.00053	1880.538	0.10053	9.9471	55
60	304.472	0.0033	0.00033	3034.720	0.10033	9.9672	60
65	490.354	0.0020	0.00020	4893.539	0.10020	9.9796	65
70	789.718	0.0013	0.00013	7887.180	0.10013	9.9873	70
75	1271.846	0.0008	0.00008	12708.460	0.10008	9.9921	75
80	2048.315	0.0005	0.00005	20473.160	0.10005	9.9951	80
85	3298.823	0.0003	0.00003	32978.240	0.10003	9.9970	85
90	5312.773	0.0002	0.00002	53117.770	0.10002	9.9981	90
95	8556.250	0.0001	0.00001	85552.500	0.10001	9.9988	95

表 12 **12％ 复 利 因 数**

n	一次支付		等额多次支付				n
	复本利和因子 $(F/P,i\%,n)$	现值因子 $(P/F,i\%,n)$	偿还基金因子 $(A/F,i\%,n)$	复利因子 $(F/A,i\%,n)$	资金回收因子 $(A/P,i\%,n)$	现值因子 $(P/A,i\%,n)$	
	已知 P 求 F $(1+i)^n$	已知 F 求 P $\frac{1}{(1+i)^n}$	已知 F 求 A $\frac{i}{(1+i)^n-1}$	已知 A 求 F $\frac{(1+i)^n-1}{i}$	已知 P 求 A $\frac{i(1+i)^n}{(1+i)^n-1}$	已知 A 求 P $\frac{(1+i)^n-1}{i(1+i)^n}$	
1	1.1200	0.8929	1.00000	1.000	1.12000	0.8929	1
2	1.2544	0.7972	0.47170	2.120	0.59170	1.9600	2
3	1.4049	0.7118	0.29635	3.374	0.41635	2.4018	3
4	1.5735	0.6355	0.20923	4.779	0.32923	3.0373	4
5	1.7623	0.5674	0.15741	6.353	0.27741	3.6048	5
6	1.9738	0.5066	0.12323	8.115	0.24323	4.1114	6
7	2.2107	0.4523	0.09912	10.089	0.21912	4.5638	7
8	2.4760	0.4039	0.08130	12.300	0.20130	4.9676	8
9	2.7731	0.3606	0.06768	14.776	0.18768	5.3283	9
10	3.1058	0.3220	0.05698	17.549	0.17698	5.6502	10
11	3.4785	0.2875	0.04842	20.655	0.16842	5.9377	11
12	3.8960	0.2567	0.04144	24.133	0.16144	6.1944	12
13	4.3635	0.2292	0.03563	28.029	0.15563	6.4236	13
14	4.8871	0.2046	0.03087	32.393	0.15087	6.6282	14
15	5.4736	0.1827	0.02682	37.280	0.14682	6.8109	15
16	6.1304	0.1631	0.02339	42.753	0.14339	6.9740	16
17	6.8660	0.1456	0.02046	48.884	0.14046	7.1196	17
18	7.6900	0.1300	0.01794	55.750	0.13794	7.2497	18
19	8.6127	0.1161	0.11576	63.440	0.13576	7.3658	19
20	9.6463	0.1037	0.01388	72.052	0.13388	7.4695	20
22	12.1003	0.0826	0.01081	92.502	0.13081	7.6446	22
24	15.1786	0.0659	0.00846	118.455	0.12846	7.7843	24
25	17.0000	0.0588	0.00750	133.334	0.12750	7.8431	25
26	19.0400	0.0525	0.00665	150.333	0.12665	7.8957	26
28	23.8838	0.419	0.00524	190.698	0.12524	7.9844	28
30	29.9598	0.0334	0.00414	241.332	0.12414	8.0552	30
32	37.5816	0.0266	0.00328	304.847	0.12328	8.1116	32
34	47.1423	0.0212	0.00260	384.520	0.12260	8.1566	34
35	52.7994	0.0189	0.00232	431.662	0.12232	8.1755	35
36	59.1353	0.0169	0.00206	44.461	0.12206	8.1924	36
38	74.1794	0.0135	0.00164	609.828	0.12164	8.2210	38
40	98.0506	0.0107	0.00130	767.088	0.12130	8.2438	40
45	163.987	0.0061	0.00074	1358.225	0.12074	8.2825	45
50	289.000	0.0035	0.00042	2400.006	0.12042	8.3045	50

表 13　　15％ 复 利 因 数

n	一次支付		等额多次支付				n
	复本利和因子 $(F/P,i\%,n)$	现值因子 $(P/F,i\%,n)$	偿还基金因子 $(A/F,i\%,n)$	复利因子 $(F/A,i\%,n)$	资金回收因子 $(A/P,i\%,n)$	现值因子 $(P/A,i\%,n)$	
	已知 P 求 F $(1+i)^n$	已知 F 求 P $\frac{1}{(1+i)^n}$	已知 F 求 A $\frac{i}{(1+i)^n-1}$	已知 A 求 F $\frac{(1+i)^n-1}{i}$	已知 P 求 A $\frac{i(1+i)^n}{(1+i)^n-1}$	已知 A 求 P $\frac{(1+i)^n-1}{i(1+i)^n}$	
1	1.1500	0.8696	1.00000	1.000	1.15000	0.8696	1
2	1.3225	0.7561	0.46512	2.150	0.61112	1.6257	2
3	1.5209	0.6575	0.28798	3.472	0.43798	2.2832	3
4	1.7490	0.5718	0.20027	4.993	0.35027	2.8550	4
5	2.0114	0.4972	0.14832	6.742	0.29832	3.3522	5
6	2.3131	0.4323	0.11424	8.754	0.26424	3.7845	6
7	2.6600	0.3759	0.09036	11.067	0.24036	4.1604	7
8	3.0590	0.3269	0.07285	13.727	0.22285	4.4873	8
9	3.5179	0.2843	0.05957	16.786	0.20957	4.7716	9
10	4.0455	0.2472	0.04925	20.304	0.19925	5.0188	10
11	4.6524	0.2149	0.04107	24.349	0.19107	5.2337	11
12	5.3502	0.1869	0.03448	29.002	0.18448	5.4206	12
13	6.1528	0.1625	0.02911	34.352	0.17911	5.5831	13
14	7.0757	0.1413	0.02469	40.505	0.17469	5.7245	14
15	8.1370	0.1229	0.02102	47.580	0.17102	5.8474	15
16	9.3576	0.1069	0.01795	55.717	0.16795	5.9542	16
17	10.7612	0.0929	0.01537	65.075	0.16537	6.0472	17
18	12.3754	0.0808	0.01319	75.836	0.16319	6.1280	18
19	14.2317	0.0703	0.01134	88.211	0.16134	6.1982	19
20	16.3664	0.0611	0.00976	102.443	0.15976	6.2593	20
22	21.6446	0.0462	0.00727	137.631	0.15727	6.3587	22
24	28.6249	0.0349	0.00543	184.166	0.15543	6.4338	24
25	32.9187	0.0304	0.00470	212.791	0.15470	6.4642	25
26	37.8565	0.0264	0.00407	245.710	0.15407	6.4906	26
28	50.0651	0.0200	0.00306	327.101	0.15306	6.5335	28
30	66.2111	0.0151	0.00230	434.741	0.15230	6.5660	30
32	87.5641	0.0114	0.00173	577.094	0.15173	6.5905	32
34	115.803	0.0086	0.00131	765.357	0.15131	6.6091	34
35	133.174	0.0075	0.00113	881.160	0.15113	6.6166	35
36	153.150	0.0065	0.00099	1014.334	0.15099	6.6231	36
38	202.541	0.0049	0.00074	1343.606	0.15074	6.6338	38
40	267.860	0.0037	0.00056	1779.067	0.15056	6.6418	40
45	538.761	0.0019	0.00028	3585.076	0.15028	6.6543	45
50	1083.639	0.0009	0.00014	7217.598	0.15014	6.6605	50

表 14 18% 复利因数

n	一次支付		等额多次支付				n
	复本利和因子 $(F/P,i\%,n)$	现值因子 $(P/F,i\%,n)$	偿还基金因子 $(A/F,i\%,n)$	复利因子 $(F/A,i\%,n)$	资金回收因子 $(A/P,i\%,n)$	现值因子 $(P/A,i\%,n)$	
	已知 P 求 F $(1+i)^n$	已知 F 求 P $\frac{1}{(1+i)^n}$	已知 F 求 A $\frac{i}{(1+i)^n-1}$	已知 A 求 F $\frac{(1+i)^n-1}{i}$	已知 P 求 A $\frac{i(1+i)^n}{(1+i)^n-1}$	已知 A 求 P $\frac{(1+i)^n-1}{i(1+i)^n}$	
1	1.1800	0.8475	1.00000	1.000	1.18000	0.8475	1
2	1.3924	0.7182	0.45872	2.180	0.63872	1.5656	2
3	1.6430	0.6086	0.27992	3.572	0.45992	2.1743	3
4	1.9388	0.5158	0.19174	5.215	0.37174	2.6901	4
5	2.2878	0.4371	0.13978	7.154	0.31978	3.1272	5
6	2.6995	0.3704	0.10591	9.442	0.28591	3.4971	6
7	3.1855	0.3139	0.08236	12.141	0.26236	3.8115	7
8	3.7588	0.2660	0.06524	15.327	0.24524	4.0776	8
9	4.4354	0.2255	0.05240	19.086	0.23239	4.3030	9
10	5.2338	0.1911	0.04251	23.521	0.22251	4.4941	10
11	6.1759	0.1619	0.03478	28.755	0.21478	4.6560	11
12	7.2875	0.1372	0.02863	34.931	0.20863	4.7932	12
13	8.5993	0.1163	0.02369	42.218	0.20369	4.9095	13
14	10.1472	0.0985	0.01968	50.818	0.19968	5.0081	14
15	11.9736	0.0835	0.01640	60.965	0.19640	5.0916	15
16	14.1289	0.0708	0.01371	72.938	0.19371	5.1624	16
17	16.6721	0.0600	0.01149	87.067	0.19149	5.2223	17
18	19.6730	0.0508	0.00964	103.739	0.18964	5.2732	18
19	23.2142	0.0431	0.00810	123.412	0.18810	5.3162	19
20	27.3927	0.0365	0.00682	146.626	0.18682	5.3527	20
22	38.1416	0.0262	0.00485	206.342	0.18485	5.4099	22
24	53.1083	0.0188	0.00345	289.490	0.18345	5.4510	24
25	62.6678	0.0160	0.00292	342.599	0.18292	5.4669	25
26	73.9479	0.0135	0.00247	405.266	0.18247	5.4804	26
28	102.9650	0.0097	0.00177	566.472	0.18177	5.5016	28
30	143.3683	0.0070	0.00126	790.935	0.18126	5.5168	30
32	199.6258	0.0050	0.00091	1103.477	0.18091	5.5277	32
34	277.9585	0.0036	0.00065	1538.660	0.18065	5.5356	34
35	327.9910	0.0030	0.00055	1816.617	0.18055	5.5386	35
36	387.0291	0.0026	0.00047	2144.608	0.18047	5.5412	36
38	538.899	0.0019	0.00033	2988.329	0.18033	5.5453	38
40	750.362	0.0013	0.00024	4163.121	0.18024	5.5482	40
45	1716.641	0.0006	0.00010	9531.344	0.18010	5.5523	45
50	3927.249	0.0003	0.00005	21812.500	0.18005	5.5541	50

表 15　　**20% 复利因数**

n	一次支付		等额多次支付				n
	复本利和因子 $(F/P,i\%,n)$	现值因子 $(P/F,i\%,n)$	偿还基金因子 $(A/F,i\%,n)$	复利因子 $(F/A,i\%,n)$	资金回收因子 $(A/P,i\%,n)$	现值因子 $(P/A,i\%,n)$	
	已知 P 求 F $(1+i)^n$	已知 F 求 P $\frac{1}{(1+i)^n}$	已知 F 求 A $\frac{i}{(1+i)^n-1}$	已知 A 求 F $\frac{(1+i)^n-1}{i}$	已知 P 求 A $\frac{i(1+i)^n}{(1+i)^n-1}$	已知 A 求 P $\frac{(1+i)^n-1}{i(1+i)^n}$	
1	1.2000	0.8333	1.00000	1.000	1.20000	0.8333	1
2	1.4400	0.6944	0.45455	2.200	0.65455	1.5278	2
3	1.7280	0.5787	0.27473	3.640	0.47473	2.1065	3
4	2.0736	0.4823	0.18629	5.368	0.38629	2.5887	4
5	2.4883	0.4019	0.13438	7.442	0.33438	2.9906	5
6	2.9860	0.3349	0.10071	9.930	0.30071	3.3255	6
7	3.5832	0.2791	0.07742	12.916	0.27742	3.6046	7
8	4.2998	0.2326	0.06061	16.499	0.26061	3.8372	8
9	5.1598	0.1938	0.04808	20.799	0.24808	4.0310	9
10	6.1917	0.1615	0.03852	25.959	0.23852	4.1925	10
11	7.4301	0.1346	0.03110	32.150	0.23110	4.3271	11
12	8.9161	0.1122	0.02527	39.580	0.22526	4.4392	12
13	10.6993	0.0935	0.02062	48.497	0.22062	4.5327	13
14	12.8392	0.0779	0.01689	59.196	0.21689	4.6106	14
15	15.4070	0.0649	0.01388	72.035	0.21388	4.6755	15
16	18.4884	0.0541	0.01144	87.442	0.21144	4.7296	16
17	22.1861	0.0451	0.00944	105.930	0.20944	4.7746	17
18	26.2632	0.0376	0.00781	128.116	0.20781	4.8122	18
19	31.9479	0.0313	0.00646	154.740	0.20646	4.8435	19
20	38.3375	0.0261	0.00536	186.687	0.20536	4.8696	20
22	55.2059	0.0181	0.00369	271.030	0.20369	4.9094	22
24	79.4965	0.0126	0.00255	392.483	0.20255	4.9371	24
25	95.3958	0.0105	0.00212	471.979	0.20212	4.9476	25
26	114.4750	0.0087	0.00176	567.375	0.20176	4.9563	26
28	164.8439	0.0061	0.00122	819.220	0.20122	4.9697	28
30	237.3752	0.0042	0.00085	1181.877	0.20085	4.9789	30
32	341.8201	0.0029	0.00059	1704.102	0.20059	4.9854	32
34	492.2207	0.0020	0.00041	2456.105	0.00041	4.9898	34
35	590.6648	0.0017	0.00034	2948.327	0.20034	4.9915	35
36	708.7976	0.0014	0.00028	3538.992	0.20028	4.9929	36
38	1020.668	0.0010	0.00020	5098.344	0.20020	4.9951	38
40	1469.762	0.0007	0.00014	7343.816	0.20014	4.9966	40
45	3657.236	0.0003	0.00005	18281.190	0.20005	4.9986	45
50	9100.363	0.0001	0.00002	45496.870	0.20002	4.9995	50

表 16 25% 复利因数

n	一次支付		等额多次支付				n
	复本利和因子 $(F/P,i\%,n)$	现值因子 $(P/F,i\%,n)$	偿还基金因子 $(A/F,i\%,n)$	复利因子 $(F/A,i\%,n)$	资金回收因子 $(A/P,i\%,n)$	现值因子 $(P/A,i\%,n)$	
	已知 P 求 F $(1+i)^n$	已知 F 求 P $\frac{1}{(1+i)^n}$	已知 F 求 A $\frac{i}{(1+i)^n-1}$	已知 A 求 F $\frac{(1+i)^n-1}{i}$	已知 P 求 A $\frac{i(1+i)^n}{(1+i)^n-1}$	已知 A 求 P $\frac{(1+i)^n-1}{i(1+i)^n}$	
1	1.2500	0.8000	1.00000	1.000	1.25000	0.8000	1
2	1.5625	0.6400	0.44445	2.250	0.69445	1.4400	2
3	1.9591	0.5120	0.26230	3.812	0.51230	1.9520	3
4	2.4414	0.4096	0.17344	5.766	0.42344	2.3616	4
5	3.0517	0.3277	0.12185	8.207	0.37185	2.6893	5
6	3.8147	0.2621	0.08882	11.259	0.33882	2.9514	6
7	4.7683	0.2097	0.06634	15.073	0.31634	3.1611	7
8	5.9604	0.1678	0.05040	19.842	0.30040	3.3289	8
9	7.4505	0.1342	0.03876	25.802	0.28876	3.4631	9
10	9.3132	0.1074	0.03007	33.253	0.28007	3.5705	10
11	11.6414	0.0859	0.02349	42.566	0.27349	3.6564	11
12	14.5518	0.0687	0.01845	54.207	0.26845	3.7251	12
13	18.1897	0.0550	0.01454	68.759	0.26454	3.7801	13
14	22.7871	0.0440	0.01150	86.949	0.26150	3.8241	14
15	28.4214	0.0352	0.00912	109.686	0.25912	3.8593	15
16	35.5267	0.0281	0.00724	138.107	0.25724	3.8874	16
17	44.4083	0.0225	0.00576	173.634	0.25576	3.9099	17
18	55.5104	0.0180	0.00459	218.042	0.25459	3.9279	18
19	69.3879	0.0144	0.00366	273.552	0.25366	3.9424	19
20	86.7348	0.0115	0.00292	342.939	0.25292	3.9539	20
22	135.5230	0.0074	0.00186	538.092	0.25186	3.9705	22
24	211.7543	0.0047	0.00119	843.018	0.25119	3.9811	24
25	264.6926	0.0038	0.00095	1054.771	0.25095	3.9849	25
26	330.8655	0.0030	0.00076	1319.463	0.25076	3.9879	26
28	516.9768	0.0019	0.00048	2063.909	0.25048	3.9923	28
30	807.7749	0.0012	0.00031	3227.103	0.25031	3.9951	30
32	1262.146	0.0008	0.00020	5044.590	0.25020	3.9968	32
34	1972.101	0.0005	0.00013	7884.406	0.25013	3.9980	34
35	2465.124	0.0004	0.00010	9856.504	0.25010	3.9984	35
36	3081.403	0.0003	0.00008	12321.620	0.25008	3.9987	36
38	4814.684	0.0002	0.00005	19254.750	0.25005	3.9992	38
40	7522.934	0.0001	0.00003	30087.750	0.25003	3.9995	40
45	22958.08	0.0000	0.00001	91828.370	0.25001	3.9998	45

表 17　　**30% 复 利 因 数**

n	一次支付		等额多次支付				n
	复本利和因子 $(F/P,i\%,n)$ 已知 P 求 F $(1+i)^n$	现值因子 $(P/F,i\%,n)$ 已知 F 求 P $\frac{1}{(1+i)^n}$	偿还基金因子 $(A/F,i\%,n)$ 已知 F 求 A $\frac{i}{(1+i)^n-1}$	复利因子 $(F/A,i\%,n)$ 已知 A 求 F $\frac{(1+i)^n-1}{i}$	资金回收因子 $(A/P,i\%,n)$ 已知 P 求 A $\frac{i(1+i)^n}{(1+i)^n-1}$	现值因子 $(P/A,i\%,n)$ 已知 A 求 P $\frac{(1+i)^n-1}{i(1+i)^n}$	
1	1.3000	0.7692	1.00000	1.000	1.30000	0.7692	1
2	1.6900	0.5917	0.43478	2.300	0.73478	0.3609	2
3	2.1970	0.4552	0.25063	3.990	0.55063	1.8161	3
4	2.8561	0.3501	0.16163	6.187	0.46163	2.1662	4
5	3.7129	0.2693	0.11058	9.043	0.41058	2.4356	5
6	4.8268	0.2072	0.07839	12.756	0.37839	2.6427	6
7	6.2748	0.1594	0.05687	17.583	0.35687	2.8021	7
8	8.1573	0.1226	0.04192	23.858	0.34192	2.9247	8
9	10.6044	0.0943	0.03124	32.015	0.33124	3.0190	9
10	13.7858	0.0725	0.02346	42.619	0.32346	3.0915	10
11	17.9215	0.0558	0.01773	56.405	0.31773	3.1473	11
12	23.2979	0.0429	0.01345	74.326	0.31345	3.1903	12
13	30.2873	0.0330	0.01024	97.624	0.31024	3.2233	13
14	39.3734	0.0254	0.00782	127.912	0.30782	3.2487	14
15	51.1854	0.0195	0.00598	167.285	0.30598	3.2682	15
16	66.5410	0.0150	0.00458	218.470	0.30458	3.2832	16
17	86.5033	0.0116	0.00351	285.011	0.30351	3.2948	17
18	112.4542	0.0089	0.00269	371.514	0.30269	3.3037	18
19	146.1904	0.0068	0.00207	483.968	0.30207	3.3105	19
20	190.0474	0.0053	0.00159	630.158	0.30155	3.3158	20
22	321.1797	0.0031	0.00094	1067.266	0.30094	3.3230	22
24	542.7930	0.0018	0.00055	1805.979	0.30055	3.3272	24
25	705.6306	0.0014	0.00043	2348.771	0.30043	3.3286	25
26	917.3191	0.0011	0.00033	3054.401	0.30033	3.3297	26
28	1550.268	0.0006	0.00019	5164.227	0.30019	3.3312	28
30	2619.949	0.0004	0.00011	8729.836	0.30011	3.3321	30
32	4427.707	0.0002	0.00007	14755.690	0.30007	3.3326	32
34	7482.816	0.0001	0.00004	24939.410	0.30004	3.3329	34
35	9727.660	0.0001	0.00003	32422.230	0.30003	3.3330	35

表 18　　35％复利因数

n	一次支付		等额多次支付				n
	复本利和因子 $(F/P,i\%,n)$	现值因子 $(P/F,i\%,n)$	偿还基金因子 $(A/F,i\%,n)$	复利因子 $(F/A,i\%,n)$	资金回收因子 $(A/P,i\%,n)$	现值因子 $(P/A,i\%,n)$	
	已知 P 求 F $(1+i)^n$	已知 F 求 P $\frac{1}{(1+i)^n}$	已知 F 求 A $\frac{i}{(1+i)^n-1}$	已知 A 求 F $\frac{(1+i)^n-1}{i}$	已知 P 求 A $\frac{i(1+i)^n}{(1+i)^n-1}$	已知 A 求 P $\frac{(1+i)^n-1}{i(1+i)^n}$	
1	1.3500	0.7407	1.00000	1.000	1.35000	0.7407	1
2	1.8225	0.5487	0.42553	2.350	0.77553	1.2894	2
3	2.4604	0.4064	0.23966	4.172	0.58966	1.6959	3
4	3.3215	0.3011	0.15076	6.633	0.50076	1.9969	4
5	4.4840	0.2230	0.10046	9.954	0.45046	2.2200	5
6	6.0534	0.1652	0.06926	14.438	0.41926	2.3852	6
7	8.1721	0.1224	0.04880	20.492	0.39880	2.5075	7
8	11.0324	0.0906	0.03489	28.664	0.38489	2.5982	8
9	14.8937	0.0671	0.02519	39.696	0.37519	2.6653	9
10	20.1065	0.0497	0.01832	54.590	0.36832	2.7150	10
11	27.1437	0.0368	0.01339	74.696	0.36339	2.7519	11
12	36.6440	0.0273	0.00982	101.840	0.35982	2.7792	12
13	49.4694	0.0202	0.00722	138.484	0.35722	2.7994	13
14	66.7836	0.0150	0.00532	187.953	0.35532	2.8144	14
15	90.1579	0.0111	0.00393	254.737	0.35393	2.8255	15
16	121.7131	0.0082	0.00290	344.895	0.35290	2.8337	16
17	164.3126	0.0061	0.00214	466.608	0.35214	2.8398	17
18	221.8219	0.0045	0.00158	630.920	0.35158	2.8443	18
19	299.4595	0.0033	0.00117	852.742	0.35117	2.8476	19
20	404.2700	0.0025	0.00087	1152.201	0.35087	2.8501	20
22	736.7817	0.0014	0.00048	2102.236	0.35048	2.8533	22
24	1342.783	0.0007	0.00026	3833.673	0.35026	2.8550	24
25	1812.757	0.0006	0.00019	5176.453	0.35019	2.8556	25
26	2447.221	0.0004	0.00014	6989.207	0.35014	2.8560	26
28	4460.055	0.0002	0.00008	12740.160	0.35008	2.8565	28
30	8128.445	0.0001	0.00004	23221.290	0.35004	2.8568	30
32	14814.08	0.0001	0.00002	42323.120	0.35002	2.8570	32
34	26998.64	0.0000	0.00001	77136.120	0.35001	2.8570	34
35	36448.14	0.0000	0.00001	104134.70	0.35001	2.8571	35

表 19 **40％ 复 利 因 数**

n	一次支付		等额多次支付				n
	复本利和因子 (F/P,i%,n)	现值因子 (P/F,i%,n)	偿还基金因子 (A/F,i%,n)	复利因子 (F/A,i%,n)	资金回收因子 (A/P,i%,n)	现值因子 (P/A,i%,n)	
	已知 P 求 F $(1+i)^n$	已知 F 求 P $\frac{1}{(1+i)^n}$	已知 F 求 A $\frac{i}{(1+i)^n-1}$	已知 A 求 F $\frac{(1+i)^n-1}{i}$	已知 P 求 A $\frac{i(1+i)^n}{(1+i)^n-1}$	已知 A 求 P $\frac{(1+i)^n-1}{i(1+i)^n}$	
1	1.4000	0.7143	1.00000	1.000	1.40000	0.7143	1
2	1.9600	0.5102	0.41667	2.400	0.81665	1.2245	2
3	2.7440	0.3644	0.22936	4.360	0.62936	1.5889	3
4	3.8416	0.2603	0.14077	7.104	0.54077	1.8492	4
5	5.3782	0.1859	0.09136	10.946	0.49136	2.0352	5
6	7.5295	0.1328	0.06126	16.324	0.46126	2.1680	6
7	10.5413	0.0949	0.04192	23.853	0.44192	2.2628	7
8	14.7579	0.0678	0.02907	34.395	0.42907	2.3306	8
9	20.6610	0.0484	0.02034	49.153	0.42034	2.3790	9
10	28.9254	0.0346	0.01432	69.814	0.41432	2.4136	10
11	40.4955	0.0247	0.01013	98.739	0.41013	2.4383	11
12	56.6937	0.0176	0.00718	139.234	0.40718	2.4559	12
13	79.3712	0.0126	0.00510	195.928	0.40510	2.4685	13
14	111.1196	0.0090	0.00363	275.299	0.40363	2.4775	14
15	155.5675	0.0064	0.00259	386.419	0.40259	2.4839	15
16	217.7944	0.0046	0.00185	541.986	0.40184	2.4885	16
17	304.9119	0.0033	0.00132	759.780	0.40132	2.4918	17
18	426.8767	0.0023	0.00094	1064.693	0.40094	2.4941	18
19	597.6272	0.0017	0.00067	1491.570	0.40067	2.4958	19
20	836.6780	0.0012	0.00048	2089.197	0.40048	2.4970	20
22	1639.888	0.0006	0.00024	4097.223	0.40024	2.4985	22
24	3214.178	0.0003	0.00012	8032.949	0.40012	2.4992	24
25	4499.848	0.0002	0.00009	11247.120	0.40009	2.4994	25
26	6299.785	0.0002	0.00006	15746.970	0.40006	2.4996	26
28	12347.57	0.0001	0.00003	30866.460	0.40003	2.4998	28
30	24201.23	0.0000	0.00002	60500.640	0.40002	2.4999	30
32	47434.39	0.0000	0.00001	118583.50	0.40001	2.4999	32
34	92971.31	0.0000	0.00000	232425.90	0.40000	2.5000	34
35	130159.8	0.0000	0.00000	325397.20	0.40000	2.5000	35

表 20 **45% 复利因数**

n	一次支付		等额多次支付				n
	复本利和因子 $(F/P,i\%,n)$	现值因子 $(P/F,i\%,n)$	偿还基金因子 $(A/F,i\%,n)$	复利因子 $(F/A,i\%,n)$	资金回收因子 $(A/P,i\%,n)$	现值因子 $(P/A,i\%,n)$	
	已知 P 求 F $(1+i)^n$	已知 F 求 P $\frac{1}{(1+i)^n}$	已知 F 求 A $\frac{i}{(1+i)^n-1}$	已知 A 求 F $\frac{(1+i)^n-1}{i}$	已知 P 求 A $\frac{i(1+i)^n}{(1+i)^n-1}$	已知 A 求 P $\frac{(1+i)^n-1}{i(1+i)^n}$	
1	1.4500	0.6897	1.00000	1.000	1.45000	0.6897	1
2	2.1025	0.4756	0.40816	2.450	0.85816	1.1653	2
3	3.0486	0.3280	0.21966	4.552	0.66966	1.4933	3
4	4.4205	0.2262	0.13156	7.601	0.58156	1.7195	4
5	6.4097	0.1560	0.08318	12.022	0.53318	1.8755	5
6	9.2941	0.1076	0.05426	18.431	0.50426	1.9831	6
7	13.4764	0.0742	0.03607	27.725	0.48607	2.0573	7
8	19.5407	0.0512	0.02427	41.202	0.47427	2.1085	8
9	28.3314	0.0353	0.01646	60.742	0.46646	2.1438	9
10	41.0844	0.0243	0.01123	89.076	0.46123	2.1681	10
11	59.5723	0.0168	0.00768	130.161	0.45768	2.1849	11
12	86.3797	0.0116	0.00527	189.733	0.45527	2.1965	12
13	125.2505	0.0080	0.00362	276.112	0.45362	2.2045	13
14	181.6131	0.0055	0.00249	401.363	0.45249	2.2100	14
15	263.3386	0.0038	0.00172	582.975	0.45171	2.2138	15
16	381.8408	0.0026	0.00118	846.313	0.45118	2.2164	16
17	553.6689	0.0018	0.00081	1228.154	0.45081	2.2182	17
18	802.8193	0.0012	0.00056	1781.822	0.45056	2.2195	18
19	1164.081	0.0009	0.00039	2584.641	0.45039	2.2203	19
20	1687.925	0.0006	0.00027	3748.725	0.45027	2.2209	20
22	3548.857	0.0003	0.00013	7884.133	0.45013	2.2216	22
24	7461.457	0.0001	0.00006	16578.800	0.45006	2.2219	24
25	10819.11	0.0001	0.00004	24040.250	0.45004	2.2220	25
26	15687.70	0.0001	0.00003	34859.350	0.45003	2.2221	26
28	32983.32	0.0000	0.00001	73294.060	0.45001	2.2222	28
30	69347.31	0.0000	0.00001	154103.00	0.45001	2.2222	30
32	145802.5	0.0000	0.00000	324003.60	0.45000	2.2222	32
34	306549.3	0.0000	0.00000	681219.10	0.45000	2.2222	34
35	444496.2	0.0000	0.00000	987768.30	0.45000	2.2222	35

表 21　　**50% 复利因数**

n	一次支付		等额多次支付				n
	复本利和因子 $(F/P,i\%,n)$	现值因子 $(P/F,i\%,n)$	偿还基金因子 $(A/F,i\%,n)$	复利因子 $(F/A,i\%,n)$	资金回收因子 $(A/P,i\%,n)$	现值因子 $(P/A,i\%,n)$	
	已知 P 求 F $(1+i)^n$	已知 F 求 P $\frac{1}{(1+i)^n}$	已知 F 求 A $\frac{i}{(1+i)^n-1}$	已知 A 求 F $\frac{(1+i)^n-1}{i}$	已知 P 求 A $\frac{i(1+i)^n}{(1+i)^n-1}$	已知 A 求 P $\frac{(1+i)^n-1}{i(1+i)^n}$	
1	1.5000	0.6667	1.00000	1.000	1.50000	0.6667	1
2	2.2500	0.4444	0.40000	2.500	0.90000	1.1111	2
3	3.3750	0.2963	0.21053	4.750	0.71053	1.4074	3
4	5.0625	0.1975	0.12308	8.125	0.62308	1.6049	4
5	7.5937	0.1317	0.07583	13.187	0.57583	1.7366	5
6	11.3906	0.0878	0.04812	20.781	0.54812	1.8244	6
7	17.0859	0.0585	0.03108	32.172	0.53108	1.8829	7
8	25.6288	0.0390	0.02030	49.258	0.52030	1.9220	8
9	38.4431	0.0260	0.01335	74.886	0.51335	1.9480	9
10	57.6647	0.0173	0.00882	113.329	0.50882	1.9653	10
11	86.4969	0.0116	0.00585	170.994	0.50585	1.9769	11
12	129.7453	0.0077	0.00388	257.491	0.50388	1.9846	12
13	194.6179	0.0051	0.00258	387.236	0.50258	1.9897	13
14	291.9265	0.0034	0.00172	581.854	0.50172	1.9931	14
15	437.8896	0.0023	0.00114	873.780	0.50114	1.9954	15
16	656.8340	0.0015	0.00076	1311.669	0.50076	1.9970	16
17	985.2505	0.0010	0.00051	1968.503	0.50051	1.9980	17
18	1477.875	0.0007	0.00034	2953.753	0.50034	1.9986	18
19	2216.811	0.0005	0.00023	4431.625	0.50023	1.9991	19
20	3325.214	0.0003	0.00015	6648.434	0.50015	1.9994	20
22	7481.723	0.0001	0.00007	14961.450	0.50007	1.9997	22
24	16833.85	0.0001	0.00003	33665.730	0.50003	1.9999	24
25	25250.77	0.0000	0.00002	50499.570	0.50002	1.9999	25
26	37876.13	0.0000	0.00001	75750.310	0.50001	1.9999	26
28	85221.13	0.0000	0.00001	170440.30	0.50001	2.0000	28
30	191747.4	0.0000	0.00000	383493.10	0.50000	2.0000	30
32	431431.1	0.0000	0.00000	862861.50	0.50000	2.0000	32
34	970718.8	0.0000	0.00000	1941437.0	0.50000	2.0000	34

参 考 文 献

1 许志方，沈佩君主编．水利工程经济学．北京：水利电力出版社，1987

2 杨润生主编．水利工程经济学．北京：水利电力出版社，1994

3 杨润生主编．水利工程经济学实例与练习．北京：水利电力出版社，1994

4 冶金工业部北京钢铁设计研究总院技术经济科编．实用技术经济学，北京：冶金工业出版社，1985

5 沈景明主编．机械工业技术经济学，北京：机械工业出版社，1981

6 艾尔克 A·海利弗尔特著．财务分析技术．汤秀珍，汤其逊译．北京：机械工业出版社，1984

7 联合国工业发展组织编．工业可行性研究编制手册．王福穰，刘培善，温作丁等译．北京：中国财政经济出版社，1981

8 White，J. A. et al. Principles of Engineering Economic Analysis，New York Weliy . 1975

9 Liftle. I. M. D. and Mirrlees，J. A. et al. Project Appraisal and Planning for Developing Countries，New York，Basc Books. 1974

10 林恩·斯夸尔，赫尔曼，C·范德塔克著．项目经济分析．孙礼照译．北京：清华大学出版社，1985

11 霍俊主编．实用预测学，中国预测研究会，1984

12 玉井正寿编．价值分析．赵恩武等译．北京：机械工业出版社，1981

图书在版编目（CIP）数据

水利工程经济/胡志范主编．—北京：中国水利水电出版社，2005（2018.8重印）
普通高等教育“十五”国家级规划教材
ISBN 978-7-5084-2885-7

Ⅰ．水…　Ⅱ．胡…　Ⅲ．水利经济-高等学校-教材
Ⅳ．F407.9

中国版本图书馆CIP数据核字（2005）第045197号

书　　名	普通高等教育“十五”国家级规划教材 **水利工程经济**
作　　者	主编　胡志范　　副主编　李春波
出版发行	中国水利水电出版社 （北京市海淀区玉渊潭南路1号D座　100038） 网址：www.waterpub.com.cn E-mail：sales@waterpub.com.cn 电话：（010）68367658（营销中心）
经　　售	北京科水图书销售中心（零售） 电话：（010）88383994、63202643、68545874 全国各地新华书店和相关出版物销售网点
排　　版	中国水利水电出版社微机排版中心
印　　刷	北京市密东印刷有限公司
规　　格	184mm×260mm　16开本　11.25印张　267千字
版　　次	2005年7月第1版　2018年8月第4次印刷
印　　数	8001—9000册
定　　价	**29.00**元